"十四五"职业教育国家规划教材

高职高专计算机类专业规划教材：项目/任务驱动模式
基于岗位职业能力培养的高职网络技术专业规划教材

PHP 网站开发实战项目式教程

朱　珍　黄　玲　主　编
陆晓梅　梁小鸥　副主编

U0303952

电子工业出版社
Publishing House of Electronics Industry
北京·BEIJING

内 容 简 介

PHP 简单易学并且功能强大，是目前开发 Web 应用程序的主要脚本语言。本教材围绕 PHP 程序员岗位能力要求，以一个完整的网上购物系统项目为背景，按照项目开发流程和学生认知规律来组织教材内容，全书共分为 11 个任务，从项目的分析、开发环境搭建、PHP 基础知识、数据库设计到商城具体功能模块开发，循序渐进，由简入难，系统地介绍了 PHP 的相关知识及其在 Web 开发中的实际应用。

本书内容丰富、讲解深入，可作为高职院校计算机专业程序设计相关课程的教材，还可供从事 Web 应用程序开发的程序员作为参考。

图书在版编目（CIP）数据

PHP 网站开发实战项目式教程 / 朱珍，黄玲主编. —北京：电子工业出版社，2019.5（2024.12 重印）
ISBN 978-7-121-36492-1

Ⅰ. ①P⋯　Ⅱ. ①朱⋯ ②黄⋯　Ⅲ. ①PHP 语言-程序设计-高等学校-教材　Ⅳ. ①TP312.8

中国版本图书馆 CIP 数据核字（2019）第 089257 号

责任编辑：贺志洪
印　　刷：山东华立印务有限公司
装　　订：山东华立印务有限公司
出版发行：电子工业出版社
　　　　　北京市海淀区万寿路 173 信箱　邮编　100036
开　　本：787×1092　1/16　印张：15.25　字数：387.2 千字
版　　次：2019 年 5 月第 1 版
印　　次：2024 年 12 月第 14 次印刷
定　　价：43.00 元

凡所购买电子工业出版社图书有缺损问题，请向购买书店调换。若书店售缺，请与本社发行部联系，联系及邮购电话：（010）88254888，88258888。

质量投诉请发邮件至 zlts@phei.com.cn，盗版侵权举报请发邮件至 dbqq@phei.com.cn。

本书咨询联系方式：（010）88254609，hzh@phei.com.cn。

PHP 是开发 Web 应用系统最理想的工具，易于使用、功能强大、成本低廉、安全性高、开发速度快且执行灵活。全球数百万运行着 PHP 程序的站点证明了它的流行程度和易用性。程序员和 Web 设计师都喜欢 PHP，前者喜欢 PHP 的灵活性和速度，后者则喜欢它的易用和方便。

本书在内容的编排及任务的组织上十分考究，全书围绕 PHP 程序员岗位能力要求，以一个完整的网上购物系统项目为载体来组织内容，增强教材的可读性和可操作性，激发学生的学习兴趣，争取让读者在短时间内掌握 PHP 开发动态网站的常用技术和方法，从而为以后的就业打好基础。

本书共分 11 个任务，以项目"网上购物系统"和"BBS 管理系统"作为案例背景，前者用做知识讲解的案例背景，后者则用做读者的单元练习的案例背景，学练结合，利于读者理解知识和掌握应用。本书在表述方式上，采用以案例驱动的方式，由浅入深地展开知识点的讲述，每个任务的案例既有各自的主题，又相互关联，在讲解案例的同时，融合了软件工程、数据库设计、界面设计等知识，真正做到了 PHP 课程的项目化教学。

全书共分三部分，任务 1 至任务 4 为 Web 网站开发的基础知识，任务 5 至任务 8 具体阐述网上购物系统如何具体实现，任务 9 至任务 10 阐述了 ThinkPHP 框架开发技术并用框架技术实现网上购物系统，任务 11 是两个 PHP 程序开发范例。本书的具体内容如下。

任务 1：网上购物系统分析与规划设计，主要讲述网站开发的基本过程、系统结构设计方法和页面设计的规划方法。

任务 2：网上购物系统开发环境搭建，主要讲述 PHP、Apache、MySQL 相关知识及在 Windows 下进行 PHP+Apache+MySQL 服务器的安装与配置。

任务 3：网上购物系统前台界面设计，主要讲述 Dreamweaver 网站建设基础，PHP 基本的语法介绍，完成网上购物系统前台界面设计。

任务 4：网上购物系统数据库设计，主要讲述如何利用 MySQL 数据库进行数据表的创建和管理，能利用 phpMyAdmin 进行数据库的创建和管理。

任务 5：网上购物系统商品展示模块开发，主要讲述如何利用 PHP 访问 MySQL 数据库，利用 PHP 对数据表和记录等进行增、删、改、查等的操作。

任务 6：网上购物系统用户管理模块开发，主要讲述利用 Session 实现多页面之间的信息传递，创建、读取和删除 Cookie，利用相关技术实现用户的登录和注册功能。

任务 7：网上购物系统商品订购与结算模块开发，主要讲述如何利用 PHP 接收表单传递的数据及相关函数的技术，能实现商品的结算功能。

任务 8：网上购物系统后台模块开发，主要讲述文件上传的操作及文本文件的操作等，能实现商品的上传及管理。

任务 9：网上购物系统 ThinkPHP 框架环境搭建，主要讲述 ThinkPHP 框架及网上购物系统 ThinkPHP 开发环境搭建的过程。

任务 10：网上购物系统 ThinkPHP 框架功能实现，主要讲述如何用 ThinkPHP 框架开发网上购物系统，讲解实现过程。

任务 11：PHP 程序开发范例，主要讲述 PHP+MySQL 项目开发流程，能利用 PHP+MySQL 进行项目的设计与程序编写。

本书不仅配套丰富的教学资源，可到华信教育资源网（www.hxedu. com.cn）免费下载，而且配套相关任务微课视频，可扫描二维码进行观看和学习。

本书由朱珍、黄玲主编，陆晓梅、梁小鸥副主编，其中任务 1、4、7 由朱珍编写，任务 2、5、10 由黄玲编写，任务 3、6、9 由陆晓梅编写，任务 8、11 由梁小鸥编写。全书由朱珍统稿，黄玲审稿。

由于作者水平有限，文中难免有不妥之处，恳请广大读者批评指正。

编者

2019 年 2 月

目　录

任务 1 网上购物系统分析与规划设计

在开发基于 Web 应用程序项目时，必须经过项目的可行性分析、需求分析、总体设计、数据库设计、界面设计、详细设计、测试等过程。本任务主要通过讲解 Web 应用基础知识、网站开发模式、网站开发的基本过程等内容，让学生掌握系统需求分析和总体设计的方法。

【知识目标】
- 掌握 Web 基础知识及工作原理
- 掌握网站开发的模式
- 掌握网站开发的流程
- 掌握系统需求分析的方法
- 掌握系统总体设计的方法

【技能目标】
- 能对系统进行需求分析
- 能对系统进行总体设计

任务背景

近年来，随着 Internet 的迅速崛起，互联网已日益成为收集信息的最佳最快渠道，并快速进入传统的流通领域。互联网的跨地域性、可交互性、全天候性使其在与传统媒体行业和传统贸易行业的竞争中具不可抗拒的优势，因而发展十分迅速。在电子商务在中国逐步兴起的大环境下，越来越多的人开始选择在网上购物，这其中包括所有日常生活用品及食品、服装等。通过在网上订购商品，可以由商家直接将商品运送给收货人，节省了亲自去商店挑选礼品的时间，具备了省时、省事、省心等特点，让顾客足不出户可以购买到自己满意的商品。

任务实施

要制作一个网上购物系统首先要进行系统的需求分析和总体设计。本任务包含 3 个子任务，完成网上购物系统的设计流程分析、需求设计、总体设计。

1.1 子任务一：网站开发流程设计

本子任务通过介绍 Web 基础知识及工作原理、网站开发模式，让学生掌握网站开发的流程，同时认识该课程对应的工作岗位等。

1.1.1 Web 基础知识及工作原理

1. 静态网页与动态网页

早期的 Web 网站以提供信息为主要功能，设计者事先将固定的文字及图片放入网页中，这些内容只能由人手工更新，这种类型的页面被称为"静态网页"。静态网页文件的扩展名通常为 htm 或 html。

然而，随着应用的不断增强，网站需要与浏览者进行必要的交互，从而为浏览者提供更为个性化的服务。因此 HTML3.2 提供了一些表现动态内容的标记，如<form>标签和其他一些表单控件标签就是此类标记。例如，<input></input>标签可以提供一个文本框或按钮。有了这些基本元素，Web 服务器就能通过 Web 请求了解用户的输入操作，从而对此操作做出相应的响应。由于整个过程中页面的内容会随着操作的不同而变化，因此通常将这种交互式的网页称为"动态网页"。

2. 客户端动态技术

在客户端模型中，附加在浏览器上的模块（如插件）完成创建动态网页的全部工作。采用的技术主要有如下几种。

（1）JavaScript：JavaScript 是一种脚本语言，主要控制浏览器的行为和内容。它依赖于内置于浏览器中的被称为脚本引擎的模块。

（2）VBScript：与 JavaScript 类似，但仅 IE 支持。

（3）ActiveX 控件：ActiveX 控件是一个组件，用高级语言编写，可以嵌入网页并提供特殊的客户端功能，如计时器、条形图、数据库访问、客户端文件访问、网络功能等。ActiveX控件依赖于浏览器中安装的ActiveX插件，IE默认安装该插件，但Netscape需另外安装插件。

（4）Java 小应用程序（JavaApplet）：与 ActiveX 控件类似，比 JavaScript 的功能更强大，支持跨平台。JavaApplet 依赖于浏览器中安装的 Java 虚拟机（Java Visual Machine，JVM）才能运行。

3. 服务器端客户技术

1）CGI

公共网关接口（Common Gateway Interface，CGI），是添加到 Web 服务器的模块，提供了在服务器上创建脚本的机制。CGI 允许用户调用 Web 服务器上的另一个程序（如 Perl 脚本）来创建动态 Web 页，且 CGI 的作用是将用户提供的数据传递给该程序进行处理，以创建动态 Web 应用程序。CGI 可以运行于许多不同的平台（如 UNIX 等）。不过 CGI 存在不易编写、消耗服务器资源较多的缺点。

2）JSP

JSP 页面（Java Server Pages），是一种允许用户将 HTML 或 XML 标记与 Java 代码相组合，从而动态生成 Web 页的技术。JSP 允许 Java 程序利用 Java 平台的 JavaBeans 和 Java 库，运行速度比 ASP 快，具有跨平台特性。已有允许用户在 IIS 服务器中使用 JSP 的插件模块。

3）PHP

该技术是指 PHP 超文本预处理程序（Hyper Text Processor）。它起源于个人主页（Personal Home Pages），使用一种创建动态 Web 页的脚本语言，语法类似 C 和 Perl 语言。PHP 是开放源代码和跨平台的，可以在 Windows NT 和 UNIX 上运行。PHP 的安装较复杂，会话管理功能不足。

4）ASP.NET

ASP.NET 是一种基于 .NET 框架开发动态网页的新技术，它依赖于 Web 服务器上的 ASP.NET 模块（aspnet_isapi.dll 文件），但该模块本身并不处理所有工作，它将一些工作传递给 .NET 框架进行处理。它允许使用多种面向对象语言编程，如 VB.NET、C#、C++、JScript.NET 和 J#.NET 语言等。

4. Web 工作原理

Web 服务器的工作流程是：用户通过 Web 浏览器向 Web 服务器请求一个资源，当 Web 服务器接收到这个请求后，将替用户查找该资源，然后将结果返回给 Web 浏览器。所请求的资源的内容多种多样，可以是普通的 HTML 页面、音频文件、视频文件或图片等。

用户单击超链接或在浏览器地址栏中输入网页的地址，此时浏览器将该信息转换成标准的 HTTP 请求并发送给 Web 服务器。其次，当 Web 服务器接收到 HTTP 请求后，根据请求的内容，查找所需的信息资源，找到相应的资源后，Web 服务器将该部分资源通过标准的 HTTP 响应发送回浏览器。最后，浏览器接收到响应后，将 HTML 文档显示出来。一个基本的请求过程如图 1-1 所示，PHP 网站运行原理如图 1-2 所示。

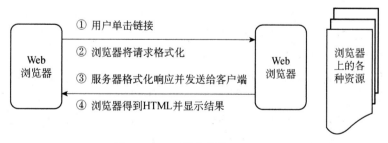

图 1-1　Web 服务器的工作流程

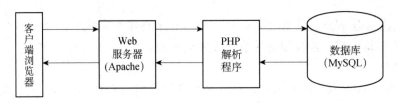

图 1-2　PHP 网站运行原理

1.1.2　网站开发模式

1. C/S 与 B/S 架构

Client/Server（客户机/服务器），比如 QQ，最大的问题是不易于部署，每台要使用的机器都要进行安装。另外，软件对于客户机的操作系统也有要求。一旦升级或机器重装，必须重装系统。

Browser/Server（浏览器/服务器），易于部署，但处理速度慢，且有烦琐的界面刷新。B/S 架构是基于 HTTP 协议的，没有 HTTP，就不会有浏览器存在。

PHP 正是用于开发 B/S 系统的，优点有以下几个。

（1）易用性好：用户使用单一的 Browser 软件，通过鼠标即可访问文本、图像、声音、视频及数据库等信息，特别适合非计算机专业人员使用。

（2）易于维护：由于用户端使用了浏览器，无须安装专用的软件，系统的维护工作简单。对于大型的管理信息系统，软件开发、维护与升级的费用是非常高的，B/S 模式所具有的框架结构可以大大节省这些费用，同时，B/S 模式对前台客户机的要求并不高，可以避免盲目进行硬件升级造成的巨大浪费。

（3）信息共享度高：HTML 是数据格式的一个开放标准，目前大多数流行的软件均支持 HTML，同时 MIME 技术使得 Browser 可访问除 HTML 之外的多种格式文件。

（4）扩展性好：Browser/Server 模式使用标准的 TCP/IP、HTTP，能够直接接入Internet，具有良好的扩展性。由于 Web 的平台无关性，B/S 模式结构可以任意扩展，可以从一台服务器、几个用户的工作组级扩展成为拥有成千上万用户的大型系统。

（5）安全性好：通过配备防火墙，将保证现代企业网络的安全性。

2. Web 应用的三层结构

Web 应用的三层结构是指"表现层"、"中间业务层"和"数据访问层"。其中，表现层位于最外层（最上层），离用户最近。用于显示数据和接收用户输入的数据，为用户提供一种交互式操作的界面。中间业务层负责处理用户输入的信息，或者是将这些信息发送给数据访问层进行保存，或者是调用数据访问层中的函数再次读出这些数据。中间业务层也可以包括一些对"商业逻辑"描述代码在里面。数据访问层仅实现对数据的保存和读取操作。数据访问，可以访问数据库系统、二进制文件、文本文档或是 XML 文档。

用最简单的术语来说，Web 应用就是一个允许用户利用 Web 浏览器执行业务逻辑的 Web 系统，其有强大的后台数据库的支持，使得其内容具有动态性。

1.1.3　开发流程及规范

每个开发人员都按照一个共同的规范去设计、沟通、开发、测试、部署，才能保证整个开发团队协调一致的工作，从而提高开发工作效率，提升工程项目质量。下面介绍几个项目开发的规范。

1. 项目的角色划分

如果不包括前、后期的市场推广和产品销售人员，开发团队一般可以划分为项目负责人、程序员、美工三个角色。

项目负责人在我国习惯称为"项目经理"，负责项目的人事协调、时间进度等安排，以及处理一些与项目相关的其他事宜。程序员主要负责项目的需求分析、策划、设计、代码编写、网站整合、测试、部署等环节的工作。美工负责网站的界面设计、版面规划，把握网站的整体风格。如果项目比较大，可以按照三种角色把人员进行分组。

角色划分是 Web 项目技术分散性甚至地理分散性特点的客观要求，分工的结果还可以明确工作责任，最终保证了项目的质量。分工带来的负效应就是增加了团队沟通、协调的成本，给项目带来一定的风险。所以项目经理的协调能力显得十分重要，程序开发人员和美工在项目开发的初期和后期，都必须有充分的交流，共同完成项目的规划和测试、验收。

2. 项目开发流程

项目确定后，根据需求分析、总体设计，程序员进行数据库设计。美工根据内容表现的需要，设计静态网页和其他动态页面界面框架，同时，程序员着手开发后台程序代码，做一些必要的测试。美工界面完成后，由程序员添加程序代码，整合网站。由项目组共同联调测试，发现 Bug，完善一些具体的细节，制作帮助文档、用户操作手册，向用户交付必要的产品设计文档。然后进行网站部署、客户培训。最后进入网站维护阶段。

实施与测试

本项目是一个动态网站的开发项目，项目流程设计如图 1-3 所示。

图 1-3 网站开发流程图

在动态网站开发中详细设计包含数据库设计与界面设计。

任务拓展

分组讨论系统开发的流程。

任务重现

BBS 系统开发的流程设计。

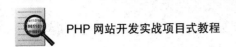

1.2 子任务二：网上购物系统功能需求分析

任务实施

完成网上购物系统功能需求分析。

任务陈述

对网上购物系统进行调查分析，得到系统的功能需求分析报告，主要分为商品管理、购物车管理、用户管理等功能需求。

知识准备

1.2.1 需求分析定义

所谓"需求分析"，是指对要解决的问题进行详细的分析，弄清楚问题的要求，包括需要输入什么数据，要得到什么结果，最后应输出什么。可以说，在软件工程当中的"需求分析"就是确定要计算机"做什么"，要达到什么样的效果。需求分析是做系统之前必做的。

在软件工程中，需求分析指的是在建立一个新的或改变一个现存的计算机系统时描写新系统的目的、范围、定义和功能时所要做的所有的工作。需求分析是软件工程中的一个关键过程。在这个过程中，系统分析员和软件工程师要确定顾客的需求。只有在确定了这些需求后他们才能够分析和寻求新系统的解决方法。需求分析阶段的任务是确定软件系统的功能。

在软件工程的历史中，很长时间里人们一直认为需求分析是整个软件工程中最简单的一个步骤，但在过去十多年中越来越多的人认识到它是整个过程中最关键的一个过程。假如在需求分析时分析者们未能正确地认识到顾客的需求的话，那么最后的软件实际上不可能满足顾客的需要，或者软件无法在规定的时间里完工。

1.2.2 需求分析特点

需求分析是一项重要的工作，也是最困难的工作。该阶段工作有以下特点。

1. 供需交流困难

在软件生存周期中，其他 4 个阶段都是面向软件技术问题的，只有本阶段是面向用户的。需求分析是对用户的业务活动进行分析，明确在用户的业务环境中软件系统应该"做什么"。但是在开始时，开发人员和用户双方都不能准确地提出要系统 "做什么"。因为软件开发人员不是用户问题领域的专家，不熟悉用户的业务活动和业务环境，又不可能在短期内搞清楚；而用户不熟悉计算机应用的有关问题。由于双方互相不了解对方的工作，又缺乏共同语言，所以在交流时存在着隔阂。

2. 需求动态化

对于一个大型而复杂的软件系统，用户很难精确完整地提出它的功能和性能要求。一开始只能提出一个大概、模糊的功能，只有经过长时间的反复认识才能逐步明确。有时进入到设计、编程阶段才能明确，更有甚者，到开发后期还在提新的要求。这无疑给软件开发带来困难。

3. 后续影响复杂

需求分析是软件开发的基础。假定在该阶段发现一个错误，解决它需要用一小时的时间，到设计、编程、测试和维护阶段解决，则要花 2.5、5、25、100 倍的时间。

因此，对于大型复杂系统而言，首先要进行可行性研究。开发人员对用户的要求及现实环境进行调查、了解，从技术、经济和社会因素三个方面进行研究并论证该软件项目的可行性，根据可行性研究的结果，决定项目的取舍。

1.2.3 数据要求

任何一个软件本质上都是信息处理系统，系统必须处理的信息和系统应该产生的信息很大程度上决定了系统的面貌，对软件设计有深远的影响，因此，必须分析系统的数据要求，这是软件分析的一个重要任务。分析系统的数据要求通常采用建立数据模型的方法。

复杂的数据由许多基本的数据元素组成，数据结构表示数据元素之间的逻辑关系。

利用数据字典可以全面地定义数据，但是数据字典的缺点是不够直观。为了提高可理解性，常常利用图形化工具辅助描述数据结构。用的图形工具有层次方框图和 Warnier 图。

1. 逻辑模型

综合需求分析的结果可以导出系统的详细的逻辑模型，通常用数据流图、E-R 图、状态转换图、数据字典和主要的处理算法描述这个逻辑模型。

2. 修正计划

根据在分析过程中获得的对系统的更深入的了解，可以比较准确地估计系统的成本和进度，修正以前制订的开发计划。

3. 方法

需求分析的传统方法有面向过程自上向下分解的方法、数据流分析结构化分析方法、面向对象驱动的方法等。

4. 常用类型

需求分析的常用类型有：

（1）跟班作业。通过亲身参加业务工作来了解业务活动的情况。这种方法可以比较准确地理解用户的需求，但比较耗费时间。

（2）开调查会。通过与用户座谈来了解业务活动情况及用户需求。座谈时，参加者之间可以相互启发。

（3）请专人介绍。

（4）询问。对某些调查中的问题，可以找专人询问。

（5）设计调查表请用户填写。如果调查表设计得合理，这种方法是很有效的，也很易于为用户接受。

（6）查阅记录。即查阅与原系统有关的数据记录，包括原始单据、账簿、报表等。

通过调查了解了用户需求后，还需要进一步分析和表达用户的需求。

1.2.4　需求分析的任务

需求分析的任务是通过详细调查现实世界要处理的对象，充分了解原系统工作概况，明确用户的各种需求然后在此基础上确定新系统的功能，确定对系统的综合要求。虽然功能需求是对软件系统的一项基本需求，但却并不是唯一的需求，通常对软件系统需求是功能需求、性能需求、约束需求等方面的综合要求。

在需求阶段的主要任务有如下三方面。

1. 问题识别

双方确定对问题的综合需求，这些需求包括功能需求、性能需求、环境需求、用户界面需求，另外还有可靠性、安全性、保密性、可移植性、可维护性等方面的需求。

2. 分析与综合，导出软件的逻辑模型

分析人员对获取的需求，进行一致性的分析检查，在分析、综合中逐步细化软件功能，划分成各个子功能。这里也包括对数据域进行分解，并分配到各个子功能上，以确定系统的构成及主要成分，并用图文结合的形式，建立起新系统的逻辑模型。

3. 编写文档

编写"需求规格说明书"，编写初步用户使用手册，编写确认测试计划，修改并完善软件开发计划。

1.2.5　客运站售票系统需求分析

下面以广州天河客运站售票系统为例讲解需求分析过程。

1. 需求分析报告的编写目的

本需求分析报告的目的是规范软件的编写，旨在提高软件开发过程中的能见度，便于对软件开发过程的控制与管理，同时提出了本客运站售票系统的软件开发过程，便于程序员与客户之间的交流、协作，并作为工作成果的原始依据，同时也表明了本软件的共性，以期能够获得更大范围的应用。

2. 产品背景明细

软件名称：广州天河客运站售票系统。

3. 缩写及缩略语

如要完成一个客运站售票系统，基本元素为构成售票及相关行为所必需的各个部分。

需求：用户解决问题或达到目标所需的条件或功能；系统或系统部件要满足合同、标准、规范或其他正式规定文档所需具有的条件或权能。

需求分析：包括提炼、分析和仔细审查已收集到的需求，以确保所有的风险承担者都明白其含义并找出其中的错误、遗憾或其他不足的地方。

模块的独立性：是指软件系统中每个模块只涉及软件要求的具体的子功能，而和软件系统中其他模块的接口是简单的。

本工程描述：描述中应包括软件开发的目标（完善客运站售票系统，使之能跟上时代的发展。同时通过实践来提高自己的动手能力）；应用范围（理论上能够实现售票系统，其目的在于在原有的系统基础上使得客运站售票实名化，以期实现完善日常生活中客运站售票的各种缺陷）。

1.2.6 需求分析的原则

客户与开发人员交流时需要掌握好方法。下面介绍几个需求分析的原则帮助客户和开发人员对需求达成共识。如果遇到分歧，可以通过协商达成对各自义务的相互理解，以减少以后的摩擦，具体原则如下。

1. 分析人员要使用符合客户语言习惯的表达

需求讨论集中于业务需求和任务，因此要使用术语。客户应将有关术语（例如，采价、印花商品等采购术语）教给分析人员，而客户不一定要懂得计算机行业的术语。

2. 分析人员要了解客户的业务及目标

只有分析人员更好地了解客户的业务，才能使产品更好地满足需要。这将有助于开发人员设计出真正满足客户需要并达到期望的优秀软件。为帮助开发和分析人员，客户可以考虑邀请他们观察自己的工作流程。如果是切换新系统，那么开发和分析人员应使用一下旧系统，这样有利于他们明白系统是怎样工作的、其流程情况以及可供改进之处。

3. 分析人员必须编写软件需求分析报告

分析人员应将从客户那里获得的所有信息进行整理，以区分业务需求及规范、功能需求、质量目标、解决方法和其他信息。通过这些分析，客户就能得到一份"需求分析报告"，此份报告使开发人员和客户之间针对要开发的产品内容达成协议。报告应以一种客户认为易于翻阅和理解的方式组织编写。客户要评审此报告，以确保报告内容准确完整地表达其需求。一份高质量的"需求分析报告"有助于开发人员开发出真正需要的产品。

4. 要求得到需求工作结果的解释说明

分析人员可能采用了多种图表作为文字性"需求分析报告"的补充说明，因为工作图表能很清晰地描述出系统行为的某些方面，所以报告中各种图表有着极高的价值；虽然它们不太难以理解，但是客户可能对此并不熟悉，因此客户可以要求分析人员解释说明每张图表的作用、符号的意义和需求开发工作的结果，以及怎样检查图表有无错误及不一致等。

5. 开发人员要尊重客户的意见

如果用户与开发人员之间不能相互理解，那关于需求的讨论将会有障碍。共同合作能使大家"兼听则明"。参与需求开发过程的客户有权要求开发人员尊重他们并珍惜他们为项目成功所付出的时间和精力，同样，客户也应对开发人员为项目成功这一共同目标所做出的努力表示尊重。

6. 开发人员要对需求及产品实施提出建议和解决方案

通常客户所说的"需求"已经是一种实际可行的实施方案，分析人员应尽力从这些解决方案中了解真正的业务需求，同时还应找出已有系统与当前业务不符之处，以确保产品不会无效或低效；在彻底弄清业务领域内的事情后，分析人员就能提出相当好的改进方法，有经验且有创造力的分析人员还能增加一些用户没有发现的很有价值的系统特性。

7. 描述产品使用特性

客户可以要求分析人员在实现功能需求的同时还应注意软件的易用性，因为这些易用特性或质量属性能使客户更准确、高效地完成任务。例如：客户有时要求产品要"界面友好"或"健壮"或"高效率"，但对于开发人员来讲，这些特性太主观了并无实用价值。正确的做法是，分析人员通过询问和调查了解客户所要的"友好、健壮、高效"所包含的具体特性，具体分析哪些特性对哪些特性有负面影响，在性能代价和所提出解决方案的预期利益之间做出权衡，以确保做出合理的取舍。

8. 允许重用已有的软件组件

需求通常有一定的灵活性，分析人员可能发现已有的某个软件组件与客户描述的需求很相符，在这种情况下，分析人员应提供一些修改需求的选择以便开发人员能够降低新系统的开发成本和节省时间，而不必严格按原有的需求说明开发。所以说，如果想在产品中使用一些已有的商业常用组件，而它们并不完全适合您所需的特性，这时一定程度上的需求灵活性就显得极为重要了。

9. 要求对变更的代价提供真实可靠的评估

面临不同的选择时，对需求变更的影响进行评估从而对业务决策提供帮助，是十分必要的。所以，客户有权利要求开发人员通过分析给出一个真实可信的评估，包括影响、成本和得失等。开发人员不能由于不想实施变更而随意夸大评估成本。

10. 获得满足客户功能和质量要求的系统

每个人都希望项目成功，但这不仅要求客户要清晰地告知开发人员关于系统"做什么"所需的所有信息，而且还要求开发人员能通过交流了解清楚取舍与限制，一定要明确说明您的假设和潜在的期望，否则，开发人员开发出的产品很可能无法让您满意。

11. 给分析人员讲解您的业务

分析人员要依靠客户讲解业务概念及术语，但客户不能指望分析人员会成为该领域的专家，而只能让他们明白您的问题和目标；不要期望分析人员能把握客户业务的细微潜在之处，他们可能不知道那些对于客户来说理所当然的"常识"。

12. 抽出时间清楚地说明并完善需求

客户很忙，但无论如何客户有必要抽出时间参与"头脑高峰会议"的讨论，接受采访或其他获取需求的活动。有些分析人员可能先明白了您的观点，而过后发现还需要您的讲解，这时请耐心对待一些需求和需求的细化工作过程中的反复，因为它是人们交流中很自然的现象，何况这对软件产品的成功极为重要。

13. 准确而详细地说明需求

编写一份清晰、准确的需求文档是很困难的。由于处理细节问题不但烦人而且耗时，因此很容易留下模糊不清的需求。但是在开发过程中，必须解决这种模糊性和不准确性，而客户恰恰是为解决这些问题做出决定的最佳人选，否则，就只好靠开发人员去猜测了。

在需求分析中暂时加上"待定"标志是个方法。用该标志可指明哪些是需要进一步讨论、分析或增加信息的地方，有时也可能因为某个特殊需求难以解决或没有人愿意处理它而标注上"待定"。客户要尽量将每项需求的内容都阐述清楚，以便分析人员能准确地将它们写进"软件需求报告"中去。如果客户一时不能准确表达，通常就要求用原型技术，通过原型开发，客户可以同开发人员一起反复修改，不断完善需求定义。

14. 及时做出决定

分析人员会要求客户做出一些选择和决定，这些决定包括来自多个用户提出的处理方法或在质量特性冲突和信息准确度中选择折中方案等。有权做出决定的客户必须积极地对待这一切，尽快做处理，做决定，因为开发人员通常只有等客户做出决定才能行动，而这种等待会延误项目的进展。

15. 尊重开发人员的需求可行性及成本评估

所有的软件功能都有其成本。客户所希望的某些产品特性可能在技术上行不通，或者实现它要付出极高的代价，而某些需求试图达到在操作环境中不可能达到的性能，或试图得到一些根本得不到的数据。开发人员会对此做出负面的评价，客户应该尊重他们的意见。

16. 划分需求的优先级

绝大多数项目没有足够的时间或资源实现功能性的每个细节。决定哪些特性是必要的，哪些是重要的，是需求开发的主要部分，这只能由客户负责设定需求优先级，因为开发者不可能按照客户的观点决定需求优先级；开发人员将为您确定优先级提供有关每个需求的花费和风险的信息。

在时间和资源限制下，关于所需特性能否完成或完成多少应尊重开发人员的意见。尽管没有人愿意看到自己所希望的需求在项目中未被实现，但毕竟是要面对现实的，业务决策有时不得不依据优先级来缩小项目范围或延长工期，或增加资源，或在质量上寻找折中。

17. 评审需求文档和原型

客户评审需求文档，是给分析人员带来反馈信息的一个机会。如果客户认为编写的"需求分析报告"不够准确，就有必要尽早告知分析人员并为改进提供建议。更好的办法是先为产品开发一个原型。这样客户就能提供更有价值的反馈信息给开发人员，使他们更好地理解您的需求；原型并非一个实际应用产品，但开发人员能将其转化、扩充成功能齐全的系统。

18. 需求变更要立即联系

不断的需求变更，会给在预定计划内完成的质量产品带来严重的不利影响。变更是不可避免的，但在开发周期中，变更越在晚期出现，其影响越大；变更不仅会导致代价极高的返工，而且工期将被延误，特别是在大体结构已完成后又需要增加新特性时。所以，一旦客户发现需要变更需求时，请立即通知分析人员。

19. 遵照开发小组处理需求变更的过程

为将变更带来的负面影响减小到最低限度，所有参与者必须遵照项目变更控制过程。这要求不放弃所有提出的变更，对每项要求的变更进行分析、综合考虑，最后做出合适的决策，以确定应将哪些变更引入项目中。

20. 尊重开发人员采用的需求分析过程

软件开发中最具挑战性的莫过于收集需求并确定其正确性，分析人员采用的方法有其合理性。也许客户认为收集需求的过程不太划算，但请相信花在需求开发上的时间是非常有价值的；如果您理解并支持分析人员为收集、编写需求文档和确保其质量所采用的技术，那么整个过程将会更为顺利。

1.2.7　需求确认

在"需求分析报告"上签字确认，通常被认为是客户同意需求分析的标志行为，然而在实际操作中，客户往往把"签字"看做毫无意义的事情。"他们要我在需求文档的最后一行下面签名，于是我就签了，否则这些开发人员不开始编码。"这种态度将带来麻烦，譬如客户想更改需求或对产品不满时就会说："不错，我是在需求分析报告上签了字，但我并没有时间去读完所有的内容，我是相信你们的，是你们非让我签字的。"同样问题也会发生在仅把"签字确认"看做完成任务的分析人员身上，一旦有需求变更出现，他便指着"需求分析报告"说："您已经在需求上签字了，所以这些就是我们所开发的，如果您想要别的什么，您应早些告诉我们。"

这两种态度都是不对的。因为不可能在项目的早期就了解所有的需求，而且毫无疑问地，需求将会出现变更，在"需求分析报告"上签字确认是终止需求分析过程的正确方法，所以我们必须明白签字意味着什么。

对"需求分析报告"的签名是建立在一个需求协议的基线上，因此我们对签名应该这样理解："我同意这份需求文档表述了我们对项目软件需求的了解，进一步的变更可在此基线上通过项目定义的变更过程来进行。我知道变更可能会使我们重新协商成本、资源和项目阶段任务等事宜。"对需求分析达成一定的共识会使双方易于忍受将来的摩擦，这些摩擦来源于项目的改进和需求的误差或市场和业务的新要求等。需求确认将迷雾拨散，显现需求的真面目，给初步的需求开发工作画上了双方都明确的句号，并有助于形成一个持续良好的客户与开发人员关系。

实施与测试

根据上述知识点调查分析网上购物系统的功能需求，系统主要实现商品展示、商品查询、商品购买等功能。主要模块有商品信息管理模块、购物车管理模块、用户管理模块等。系统分为前台和后台两部分。

1. 前台

前台主要功能如下。

● 商品信息管理模块：该模块主要实现商品的展示和搜索。用户进入网上商城可以分类查看最新的商品信息，可以按商品名称、商品型号等快速查询所需的商品信息的功能。

● 购物车管理模块：该模块主要实现购物车的生成和订单的管理。当用户选择购买某种商品时，可以将对应商品信息，如价格、数量等添加到购物车中，并允许用户返回到其他商品信息查询页面，继续选择其他商品。同时用户还应该可以在购物车中执行删除商品、添加商品等操作。购物车的订单生成后，购物车的信息自动删除。系统可以实现收银台结账和发货管理。用户也可以随时进入订单管理页面，查询与自己相关的订单信息，并可以随时取消订单。

● 用户管理模块：该模块实现用户注册、登录、资料修改等功能。用户注册为会员后就可以使用在线购物的功能。

2. 后台

后台主要功能如下。

● 商品基本信息管理：为了确保网上商城中商品信息的实效性，管理人员可以借助该模块随时增加新的商品信息，同时也可以对原有的商品进行修改及删除等操作。通过该模块，网站管理人员可以根据需要增加新的商品类别也可以对已有的商品分类进行修改、删除等操作。

● 订单管理：管理人员可以借助该模块查询订单信息，以便与网站配货人员依据订单信息进行后续的出货、送货的处理。对于已经处理过的订单，也应该保留历史记录，以便管理人员进行查询。

● 会员信息管理：管理人员可以在该模块中查询对应的用户信息，并可以添加用户，删除指定用户的相关信息。

任务拓展

1. 学生分组讨论，细化并分析每个功能模块的需求。
2. 查阅文献、资料，分组讨论前、后台功能的区别。
3. 撰写网上购物系统的需求规格说明书。

任务重现

1. 分组讨论分析 BBS 论坛系统的需求分析。
2. 撰写 BBS 的需求规格说明书。

1.3 子任务：网上购物系统总体设计

任务实施

完成网上购物系统总体设计。

任务陈述

根据网上购物系统的需求分析进行系统总体设计，画出系统总体功能结构图和系统流程图。

知识准备

1.3.1 总体设计的任务

系统总体设计基本目的就是回答"概括的话，系统该如何实现？"这个问题。在这个阶段我们主要完成以下两方面的工作：

（1）划分出组成系统的物理元素——程序、文件、数据库、人工过程和文档等。

（2）设计系统的结构，确定系统中每个程序是由哪些模块组成的，以及这些模块相互间的关系。制作出系统总体功能结构图。

1.3.2　总体设计的工作步骤

系统总体设计阶段的工作步骤主要有以下几个方面：

（1）寻找实现系统的各种不同的解决方案，参照需求分析阶段得到的数据流图来做。

（2）分析员从这些供选择的方案中选出若干个合理的方案进行分析，为每个方案都准备一份系统流程图，列出组成系统的所有物理元素，进行成本/效益分析，并且制订这个方案的进度计划。

（3）分析员综合分析和比较这些合理的方案，从中选择一个最佳方案向用户和使用部门负责人推荐。

（4）对最终确定的解决方案进行优化和改进，从而得到更合理的结构，进行必要的数据库设计，确定测试要求并且制订测试计划。

从上面的叙述中不难看出，在详细设计之前先进行总体设计的必要性，总体设计可以站在全局的高度进行系统设计，花较少成本，从较抽象的层次上分析对比多种可能的实现方案和软件结构，从中选择最佳方案和最合理的软件结构，从而用较低成本开发出较高质量的软件系统。

1.3.3　总体设计的原则

下面介绍在进行系统总体设计时的几个原则。

1. 模块化设计的原则

模块是由边界元素限定的相邻程序元素的序列。模块是构成程序的基本构件。模块化是把复杂的问题分解成许多容易解决的小问题，原来的问题也就容易解决了。

在软件设计中进行模块化设计可以使软件结构清晰，不仅容易设计也容易阅读和理解。模块化的设计方法容易测试和调试，从而提高软件的可靠性和可修改性，有助于软件开发工程的组织管理。

2. 抽象设计的原则

人类在认识复杂现象的过程中一个强有力的思维工具就是抽象。人们在实践中认识到，在现实世界中一定事物、状态和过程之间存在某些相似的方面（共性）。把这些相似的方面集中和概括起来，暂时忽略它们之间的差异，这就是抽象。或者说抽象就是考虑事物间被关注的特性而不考虑它们其他的细节。

由于人类思维能力的限制，如果每次面临的因素太多，是不可能做出精确思维的。处理复杂系统的唯一有效的方法是用层次的方法构造和分析它。软件工程的每一步都是对软件解法的抽象层次的一次精化。

3. 信息隐藏和局部化设计的原则

我们在设计模块时应尽量使得一个模块内包含的信息对于不需要这些信息的模块来说，是不能访问的。局部化是指把一些关系密切的软件元素物理地放得彼此靠近。局部化的概念和信息隐藏概念是密切相关的。

如果在测试期间和以后的软件维护期间需要修改软件，那么信息隐藏原理作为模块化系统设计的标准就会带来极大好处。它不会把影响扩散到别的模块。

4. 模块独立设计的原则

模块独立是模块化、抽象、信息隐藏和局部化概念的直接结果。模块独立有两个明显的好处：第一，有效的模块化的软件比较容易开发出来，而且适于团队进行分工开发；第二，独立的模块比较容易测试和维护。

模块的独立程度可以由两个定性标准度量：内聚和耦合。耦合是指不同模块彼此间互相依赖的紧密程度；内聚是指在模块内部各个元素彼此结合的紧密程度。

在软件设计中应该追求尽可能松散的系统。这样的系统中可以研究、测试和维护任何一个模块，不需要对系统的其他模块有很多了解。模块间的耦合程度强烈影响系统的可理解性、可测试性、可靠性和可维护性。

我们在系统设计时力争做到高内聚、低耦合。通过修改设计提高模块的内聚程度、降低模块间的耦合程度，从而获得较高的模块独立性。

5. 优化设计的原则

我们要在设计的早期阶段尽量对软件结构进行精确化。结构简单通常既表示设计风格优雅，又表明效率高。设计优化应该力求做到在有效的模块化的前提下使用最少的模块，以及在能够满足信息要求的前提下使用最简单数据结构。我们可以设计出不同的软件结构，然后对它们进行评价和比较，力求得到"最好"的结果。

实施与测试

1. 根据上述知识点对网上购物系统进行总体设计，制作系统总体功能结构图

本系统分前台、后台两部分。前台功能主要包括：

- 商品显示、商品类别显示、商品搜索、商品分页显示、商品推荐。
- 购物车管理、订单管理。
- 用户登录、注册、用户信息修改。

系统主要模块有商品信息管理、购物车管理、用户管理三大模块，其前台功能结构图如图 1-4 所示。

后台主要方便管理员对系统信息进行增删改查，其功能结构图如图 1-5 所示。

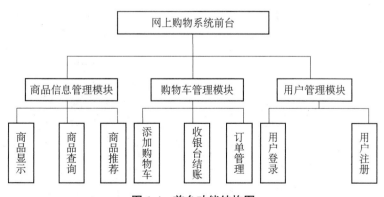

图 1-4　前台功能结构图

15

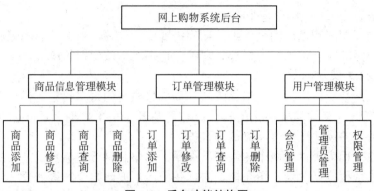

图 1-5　后台功能结构图

2. 根据系统总体功能结构图，制作系统流程图

本系统用户包括管理员和会员两种，管理员主要进行后台信息的管理，普通用户主要浏览前台页面，进行商品购买。在购物过程中用户需要先注册成为会员才能购物。具体流程如图 1-6 所示。

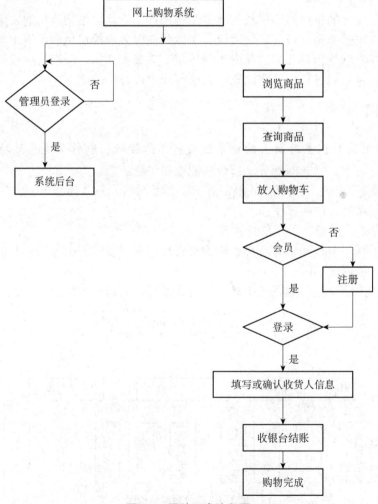

图 1-6　网站开发流程图

3. 运行环境

本系统为 B/S 三层结构，环境因素和运行环境如表 1-1 所示。

表 1-1 系统运行环境

环 境 因 素	运 行 环 境
服务器	Apache2.0 以上版本
操作系统/版本	Windows Server 2003/2008 标准版/企业版或 Linux
数据库	MySQL5.0 以上版本
其他硬件系统	初次安装至少需要 10MB 可用空间
其他软件系统	JavaScript1.5 版本，安装 IE5.5 以上版本
开发工具	ZendStudio 或 Dreamweaver

4. 系统界面效果设计

网上购物系统前台页面主要包括登录、注册、图书推荐、图书搜索等内容，如图 1-7 所示。

图 1-7 网上购物系统前台界面

网上购物系统后台页面主要包括商品管理、类别管理、订单管理、公告管理、用户管理等内容，如图 1-8 所示。

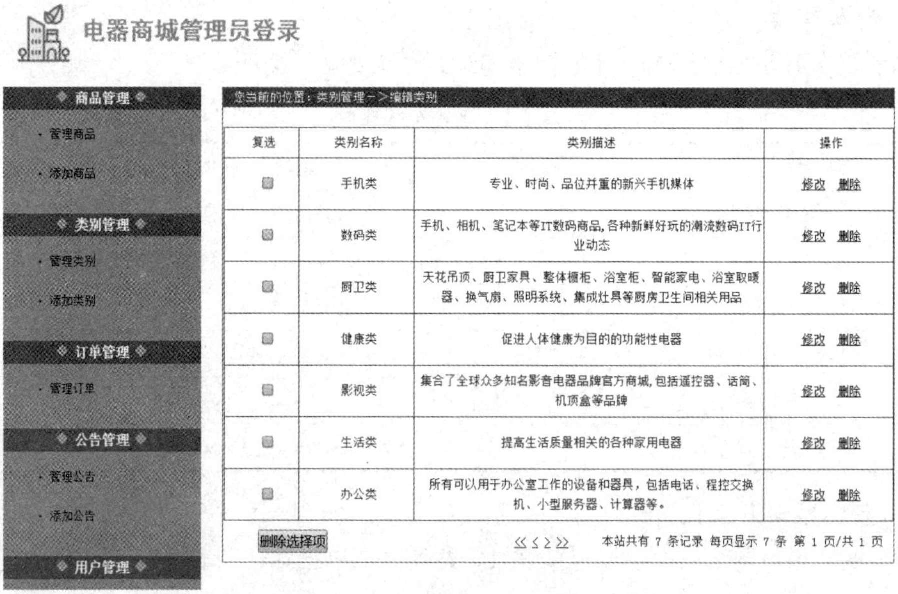

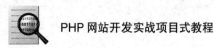 电器商城管理员登录

商品管理
·管理商品
·添加商品
类别管理
·管理类别
·添加类别
订单管理
·管理订单
公告管理
·管理公告
·添加公告
用户管理

您当前的位置: 类别管理->编辑类别

复选	类别名称	类别描述	操作
☐	手机类	专业、时尚、品位并重的新兴手机媒体	修改 删除
☐	数码类	手机、相机、笔记本等IT数码商品,各种新鲜好玩的潮流数码IT行业动态	修改 删除
☐	厨卫类	天花吊顶、厨卫家具、整体橱柜、浴室柜、智能家电、浴室取暖器、换气扇、照明系统、集成灶具等厨房卫生间相关用品	修改 删除
☐	健康类	促进人体健康为目的的功能性电器	修改 删除
☐	影视类	集合了全球众多知名影音电器品牌官方商城,包括遥控器、话筒、机顶盒等品牌	修改 删除
☐	生活类	提高生活质量相关的各种家用电器	修改 删除
☐	办公类	所有可以用于办公室工作的设备和器具,包括电话、程控交换机、小型服务器、计算器等。	修改 删除

删除选择项   《《 ＜ ＞ 》》   本站共有 7 条记录 每页显示 7 条 第 1 页/共 1 页

图 1-8   网上购物系统后台页面

任务拓展

1. 分组讨论系统总体设计的原则。
2. 撰写系统总体设计说明书。

任务重现

1. 完成 BBS 系统总体设计。
2. 撰写 BBS 系统的总体设计说明书。

任务 2 网上购物系统开发环境搭建

开发一个动态网站需要安装服务器、网页程序设计语言和数据库管理系统，这样就建立了动态网站的开发环境。

【知识目标】
- PHP 5.0 的基础知识
- Apache 服务器的安装与配置
- PHP 环境的安装与配置
- MySQL 数据库的安装与管理

【技能目标】
- 掌握在 Windows 下进行 PHP+Apache 服务器的安装与配置方法
- 掌握安装和管理 MySQL 数据库的方法

任务背景

要想开发网上购物系统，首要任务是为系统进行开发环境的搭建。这就要求我们学会利用自己的操作系统搭建一个适合 PHP 开发的环境。当前的操作系统主要是 Windows XP、Windows 7 等，从操作角度上来说，在这几个操作平台搭建 PHP 只需使用 Apache（或者 IIS 服务器）+Dreamweaver+MySQL 即可配置出来。本任务将讲解如何在 Windows 7 中进行 PHP 操作平台的配置。

任务实施

为网上购物系统搭建开发环境。

2.1 子任务一：PHP+Apache 服务器的安装与配置

任务陈述

在 Windows 7 下进行 PHP+Apache 服务器的安装与配置，同时安装 MySQL 数据库，实现网上购物系统的开发环境的搭建。

在环境搭建的过程中，能让读者了解 PHP、Apache 服务器及 MySQL 数据库的相关知识，并能锻炼其独立搭建环境的能力，为以后开发网站做好准备。

> 知识准备

2.1.1 PHP 基础知识

PHP，一个嵌套的缩写名称，是超级文本预处理语言（Hypertext Preprocessor，PHP）的缩写。PHP 是一种 HTML 内嵌式的语言，与微软的 ASP 颇有几分相似，都是一种在服务器端执行的嵌入 HTML 文档的脚本语言，语言的风格类似于 C 语言，现在被很多的网站编程人员广泛地运用。

PHP 独特的语法混合了 C、Java、Perl 以及 PHP 自创的新的语法。它可以比 CGI 或者 Perl 更快速地执行动态网页。用 PHP 制作动态页面与其他的编程语言相比，PHP 是将程序嵌入到 HTML 文档中去执行，执行效率比完全生成 HTML 标记的 CGI 要高许多；与同样是嵌入 HTML 文档的脚本语言 JavaScript 相比，PHP 在服务器端执行，充分利用了服务器的性能；PHP 执行引擎还会将用户经常访问的 PHP 程序驻留在内存中，其他用户再一次访问这个程序时就不需要重新编译程序了，只要直接执行内存中的代码就可以了，这也是 PHP 高效率的体现之一。PHP 具有非常强大的功能，所有的 CGI 或者 JavaScript 的功能 PHP 都能实现，而且它还支持几乎所有流行的数据库以及操作系统。PHP 和用其他语言开发的动态网站运行原理基本相同，其流程如图 2-1 所示。

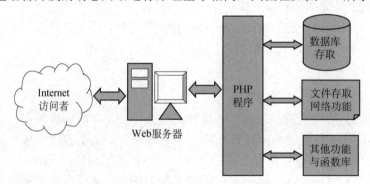

图 2-1　PHP 运行原理流程

PHP 的特性包括以下几点。

（1）开放的源代码：所有的 PHP 源代码事实上都可以得到。

（2）PHP 是免费的。

（3）基于服务器端：由于 PHP 是运行在服务器端的脚本，可以运行在 UNIX、Linux、Windows 下。

（4）嵌入 HTML：因为 PHP 可以嵌入 HTML 语言，所以学习起来并不困难。

（5）简单的语言：PHP 坚持脚本语言为主，与 Java、C++不同。

（6）效率高：PHP 消耗相当少的系统资源。

（7）图像处理：用 PHP 动态创建图像。

2.1.2 Apache 服务器简介

Apache HTTP Server（简称 Apache）是 Apache 软件基金会的一个开放源码的网页

服务器，可以在大多数计算机操作系统中运行，由于其多平台和安全性被广泛使用，是最流行的 Web 服务器端软件之一。它快速、可靠并且可通过简单的 API 扩展，Perl/Python 等解释器可被编译到服务器中。

根据著名的 WWW 服务器调查公司所做的调查，世界上 50%以上的 WWW 服务器都在使用 Apache，是世界排名第一的 Web 服务器。Apache 的诞生极富戏剧性。当 NCSA WWW 服务器项目停顿后，那些使用 NCSA WWW 服务器的用户开始交换他们用于该服务器的补丁程序，他们也很快认识到成立管理这些补丁程序的论坛是必要的。就这样，诞生了 Apache Group，后来这个团体在 NCSA 的基础上创建了 Apache。

Apache 服务器的特点有：

（1）开放源代码。

（2）跨平台应用，可运行于 Windows 和大多数 UNIX/Linux 系统。

（3）支持 Perl、PHP、Python 和 Java 等多种网页编程语言。

（4）采用模块化设计。

（5）运行非常稳定。

（6）具有相对较好的安全性。

2.1.3　MySQL 数据库简介

MySQL 是一个精巧的 SQL 数据库管理系统，虽然它不是开放源代码的产品，但在某些情况下你可以自由使用。由于它的强大功能、灵活性、丰富的应用编程接口（API）以及精巧的系统结构，受到了广大自由软件爱好者甚至是商业软件用户的青睐，特别是与 Apache 和 PHP/Perl 结合，为建立基于数据库的动态网站提供了强大动力。

MySQL 由一个服务器守护程序 mysqld 和很多不同的客户程序及库组成。MySQL 数据库的主要功能旨在组织和管理很庞大或复杂的信息和基于 Web 的库存查询请求，不仅仅为客户提供信息，而且还可以为用户自己使用数据库提供如下功能：

（1）缩短记录编档的时间。

（2）缩短记录检索时间。

（3）灵活地查找序列。

（4）灵活地输出格式。

（5）多个用户同时访问记录。

实施与测试

比起其他 Web 服务器软件（如 IIS），Apache 服务器有安装方便、配置简单、便于管理等优点。更重要的是，它和 PHP 一样是开源程序。下面我们就来学习如何对 Apache 和 PHP 进行安装、配置与测试。

1. Apache 的下载与安装

Apache 服务器的最新安装程序可以从"http://httpd.apache.org/"官方网站下载。下载步骤如下：

（1）打开 Apache 官方网站"http://httpd.apache.org/download.cgi"，选择 2.2.25 版本，如图 2-2 所示。

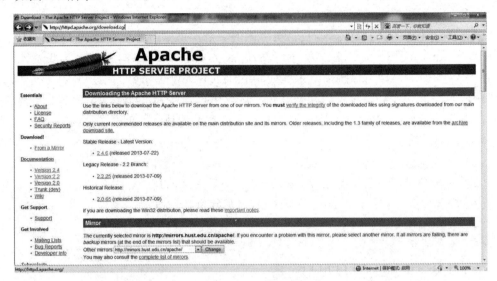

图 2-2　Apache 官网

（2）单击"2.2.25"后页面中出现许多下载选项，如图 2-3 所示。这里下载"httpd-2.2.25-win32-x86-no_ssl.msi"的安装文件。其中，同一版本分为 no_ssl 和 openssl 两种类型。openssl 类型比 no_ssl 类型多了 SSL 安全认证模式。一般我们选择 no_ssl 类型就可以了。

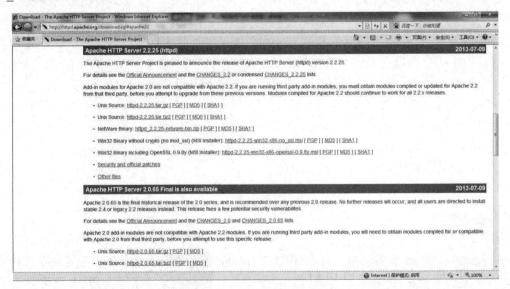

图 2-3　Apache 下载界面

完成 Apache 服务器的下载后，开始进行服务器的安装。安装步骤如下：

（1）双击"httpd-2.2.25-win32-x86-no_ssl.msi"安装文件进行服务器的安装，出现 2.2.25 版本的安装向导，如图 2-4 所示。

（2）单击"Next"按钮，进入下一界面继续安装。选择"I accept the terms in the license agreement"同意安装许可条例，如图 2-5 所示。

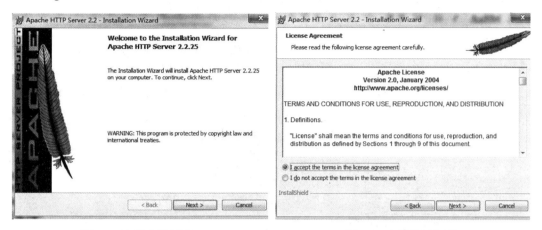

图 2-4　安装欢迎界面　　　　　　　　图 2-5　安装许可条例

（3）单击"Next"按钮，打开"Read This First"预览内容对话框。继续单击 "Next"按钮，进行系统信息的设置。在"Network Domain"中输入你的域名；在 "Server Name"中输入你的服务器名称；在"Administrator's Email Address"中输入系统 管理员的联系邮箱，如图 2-6 所示。界面下方有两个选择，第一项是为系统上所有用户 安装，端口设置为 80，并作为系统服务自动启动；另一项是仅为当前用户使用，端口 设置为 8080，通过手动启动。当前安装选择第一项。

（4）设置完成后单击"Next"按钮进入"Setup Type"界面选择安装类型，如图 2-7 所示。默认安装为"Typical"典型安装，"Custom"为用户自定义安装。当前安装选择 "Custom"用户自定义安装。

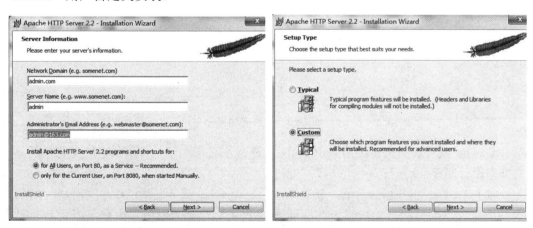

图 2-6　系统信息的设置　　　　　　　　图 2-7　安装类型选择

（5）单击"Next"按钮进行自定义安装内容的选择。为了满足用户后续开发的需 要，当前安装选择所有的内容。安装路径默认为系统盘，为了方便起见，当前安装路径 选择"C:\Server\Apache2.2\"。单击"Change…"按钮可进行安装路径的设置。继续下一步开始安装，直到安装完成，如图 2-8 所示。

（6）安装完毕，单击"Finish"按钮，如图 2-9 所示。Apache 服务器自动运行，在计算机右下角任务栏里有个绿色的 Apache 服务器运行图标 。

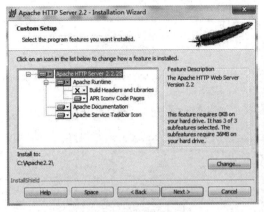 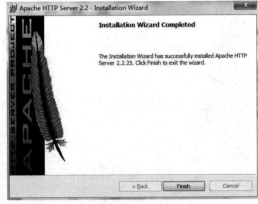

图 2-8 自定义安装对话框　　　　　　　　图 2-9 安装完毕对话框

Apache 服务器安装完成后就可以进行服务器的测试了。

首先要测试前面的安装与设定是否成功。打开 IE 浏览器，在网址框输入预设的路径。由于是在本机安装的服务器，端口为 80，因此它的 HTTP 地址的预设路径是："http://localhost/"。如果安装成功就可以顺利打开页面，页面显示"It works!"，如图 2-10 所示。

图 2-10 安装成功界面

Apache 服务器的操作关系到 PHP 网页是否能顺利执行，因此在这里我们对服务器的操作进行简要的说明。

（1）Apache 服务器的启动。安装完成后，Apache 服务器就已经自动启动。如服务器停止服务，要再次启动，需要在图标 中单击再选择"Start"命令，重新启动服务器的服务。

（2）Apache 服务器的停止。如需要停止 Apache 服务器的服务，操作同上。在图标 中单击再选择"Stop"命令，停止服务器的服务，此时图标显示红色。

2. PHP 的安装

安装和配置 PHP 的方法有两种：一种方法是利用 PHP 官方网站提供的安装程序来

进行安装，另一种方法是通过手工方式安装。手工安装是比较普遍的安装方式，在这里我们介绍第二种方法。

下载 PHP 步骤如下：

（1）PHP 软件开发包需要从 PHP 官方网站上下载，下载地址是"http://www.php.net/downloads.php"，下载的页面如图 2-11 所示。

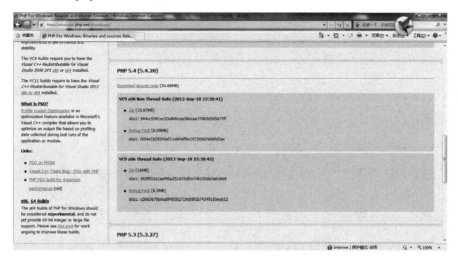

图 2-11 PHP 官方网站

（2）目前 PHP 最新版本是 2013 年 9 月 18 日发布的 PHP5.4.20，这里以"php-5.4.20-Win32-VC9-x86"版本为例。该版本有两种版本可供选择，本书使用的是 Apache 服务器，所以选择 VC9 版本的 Thread Safe 版本来安装。在官网下载一个包含执行文件的压缩包。

下载后即可配置 PHP，配置过程如下：

（1）把下载的"php-5.4.20-Win32-VC9-x86.zip"压缩包解压释放到选择的目录中，在这里我们解压到"C:\Server\php"下。

（2）打开 PHP 安装文件，找到 php.ini-production，并将它重命名为 php.ini。建议先把 php.ini-production 复制一份作为备用，以防配置出错。

（3）打开 php.ini 文件，指定 PHP 扩展包的具体目录，以便调用相应的 DLL 文件。首先找到：

```
; extension_dir="./"
```

将它修改为：

```
extension_dir="C:/Server/php/ext"
```

其次，由于默认 PHP 并不支持自动连接 MySQL，需开启相应的扩展库功能，比如 php_mysql.dll 等。找到下面的几行，把前面的";"去掉：

```
extension=php_curl.dll
extension=php_gd2.dll
```

```
extension=php_mbstring.dll
extension=php_mysql.dll
extension=php_pdo_mysql.dll
extension=php_pdo_odbc.dll
```

（4）配置 PHP 的 session 功能。在使用 session 功能时，我们必须配置 session 文件在服务器上的保存目录，否则无法使用 session。我们需要在 Windows 7 上新建一个可读写的目录文件夹，此目录最好独立于 Web 主程序目录之外，当前在 D 盘根目录上建立了 phpsessiontmp 目录，然后在 php.ini 配置文件中找到：

```
;session.save_path="/tmp"
```

将它修改为：

```
session.save_path="D:/phpsessiontmp"
```

（5）配置 PHP 的文件上传功能。同 session 一样，在使用 PHP 文件上传功能时，必须要指定一个临时文件夹以完成文件上传功能，否则文件上传功能会失败。在此仍然需要在 Windows 7 上建立一个可读写的目录文件夹。当前在 D 盘根目录上建立了 phpfileuploadtmp 目录，然后在 php.ini 配置文件中找到：

```
; upload_tmp_dir =
```

将它修改为：

```
upload_tmp_dir = "D:/phpfileuploadtmp"
```

（6）修改 date.timezone，否则在执行 phpinfo 时 date 部分会报错："Warning: phpinfo() [function.phpinfo]…"。需要将：

```
date.timezone=
```

修改为：

```
date.timezone=Asia/Shanghai
```

（7）保存文件并关闭。

3. 配置 Apache 支持 PHP

（1）配置 Apache 的 httpd.conf 文件。在文件末尾添加如下代码：

```
# 载入 PHP 处理模块
LoadModule php5_module"C:/Server/ php/php5apache2_2.dll"
# 指定当资源类型为.php 时，由 PHP 来处理
AddHandler application/x-httpd-php.php
# 指定 php.ini 的路径
PHPIniDir"C:/Server/php"
```

（2）Apache 服务器默认执行 Web 主程序的目录为 Apache2.2/htdocs，所以当你的 Web 主程序目录变更时，则需要修改相应的 Apache 配置。当前在 D 盘根目录上建立了

PHPWeb 目录作为网站开发的主程序目录，即找到：

```
DocumentRoot"C:/Server/Apache2.2/htdocs"
```

将它修改为：

```
DocumentRoot"D:/PHPWeb"
```

再找到：

```
<Directory"C:/Server/Apache2.2/htdocs">
```

将它修改为：

```
<Directory"D:/PHPWeb">
```

（3）最后修改具体的 index 文件先后顺序，由于配置了 PHP 功能，当然需要 index.php 优先执行，即找到：

```
DirectoryIndex index.html
```

将它修改为：

```
DirectoryIndex index.php index.html
```

（4）保存并关闭。

（5）重新启动 Apache 服务器。

（6）用文本编辑器编写如下代码，并保存文件名为 test.php：

```
<?php
    phpinfo();
?>
```

把 test.php 文件放到"D:\PHPWeb"目录下。

（7）在网页浏览器地址栏中输入"http://localhost/test.php"，如果在浏览器中打开网页文件，则说明 Apache+PHP 运行环境配置成功，如图 2-12 所示。

图 2-12　环境配置成功

27

4. MySQL 的安装与运行

对于初学者来说，MySQL 数据库非常容易上手，接下来我们就来说说如何安装和运行 MySQL 数据库。自 MySQL 版本升级到 5.6 以后，其安装及配置过程和原来版本发生了很大的变化，下面详细介绍 MySQL 5.6 版本的下载、安装及配置过程。下载 MySQL 数据库的步骤如下：

（1）目前最新的 MySQL 版本为 MySQL 5.6，可以在官方网站（http://dev.mysql.com/downloads/）上面下载该软件。在图 2-13 所示的 MySQL 官网上单击右下角的"MySQL Installer 5.6"超链接，然后按照提示一步步操作就可以将 MySQL 软件下载到本地计算机中了。注意这里我们选择的数据库版本是"Windows (x86, 32-bit), MSI Installer"。

图 2-13　MySQL 数据库官网

（2）双击 MySQL 安装程序（mysql-installer-community-5.6.10.1），会弹出如图 2-14 所示的欢迎界面。

（3）单击图 2-14 中的"Install MySQL Products"文字，会弹出用户许可证协议窗口，如图 2-15 所示。

图 2-14　MySQL 欢迎界面

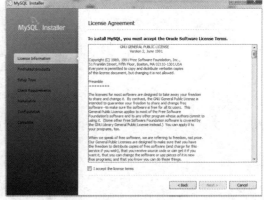

图 2-15　用户许可证协议窗口

（4）选中"I accept the license terms"复选框，然后单击"Next"按钮，会进入查找最新版本界面，效果如图 2-16 所示。

（5）单击"Execute"按钮，会进入安装类型设置界面，效果如图 2-17 所示，图中各关键设置含义见表 2-1。

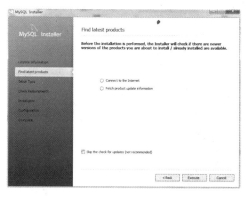

图 2-16　查找最新版本界面

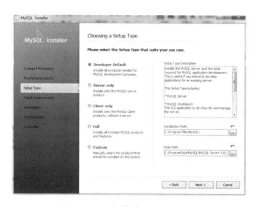

图 2-17　安装类型设置界面

表 2-1　安装类型界面各设置项含义

选　　项	含　　义
Developer Default	默认安装类型
Server only	仅作为服务器
Client only	仅作为客户端
Full	完全安装类型
Custom	自定义安装类型
Installation Path	应用程序安装路径
Data Path	数据库数据文件的路径

（6）选择图 2-17 中的"Custom"选项，其余保持默认值，然后单击"Next"按钮，弹出功能选择界面，如图 2-18 所示。

（7）取消选择图 2-18 中"Applications"及"MySQL Connectors"前面的复选框，然后单击"Next"按钮，弹出安装条件检查界面，如图 2-19 所示。

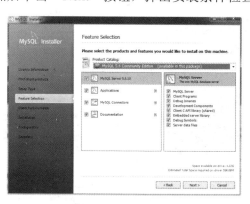

图 2-18　功能选择界面

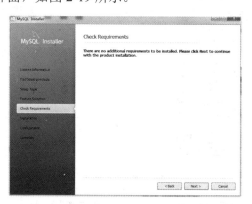

图 2-19　安装条件检查界面

（8）单击"Next"按钮，进入安装界面，如图 2-20 所示。

（9）单击"Execute"按钮，开始安装程序。当安装完成之后安装向导过程中所做的设置将在安装完成之后生效，并会弹出如图 2-21 所示的界面。

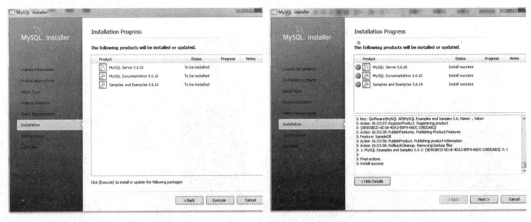

图 2-20　程序安装界面　　　　　　　图 2-21　程序安装成功界面

（10）单击"Next"按钮，会进入服务器配置页面，效果如图 2-22 所示。

（11）单击"Next"按钮，效果如图 2-23 所示。

图 2-23 中的"Server Configuration Type"下面的"Config Type"下拉列表项用来配置当前服务器的类型。选择哪种服务器将影响到 MySQL Configuration Wizard（配置向导）对内存、硬盘和过程或使用的决策，可以选择如下 3 种服务器类型：

● Developer Machine（开发者机器）：该选项代表典型个人用桌面工作站。假定机器上运行着多个桌面应用程序。将 MySQL 服务器配置成使用最少的系统资源。

● Server Machine（服务器）：该选项代表服务器，MySQL 服务器可以同其他应用程序一起运行，例如，FTP、Email 和 Web 服务器。MySQL 服务器配置成使用适当比例的系统资源。

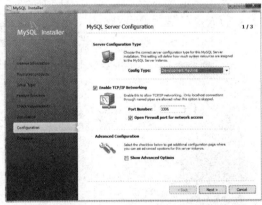

图 2-22　服务器配置页面　　　　　　　图 2-23　配置页面（一）

● Dedicated MySQL Server Machine（专用 MySQL 服务器）：该选项代表只运行 MySQL 服务的服务器。假定没有运行其他应用程序，MySQL 服务器可配置成使用所有可用系统资源。

作为初学者，选择"Developer Machine"（开发者机器）已经足够了，这样占用系统的资源不会很多。

选中或取消选中"Enable TCP/IP Networking"左边的复选框可以启用或禁用 TCP/IP 网络，并配置用来连接 MySQL 服务器的端口号，默认情况启用 TCP/IP 网络，默认端口为 3306。要想更改访问 MySQL 使用的端口，直接在文本输入框中输入新的端口号即可，但要保证新的端口号没有被占用。

（12）单击"Next"按钮，效果如图 2-24 所示。

（13）在图 2-24 所对应的界面中，我们需要设置 root 用户的密码，在"MySQL Root Password"（输入新密码）和"Repeat Password"（确认）两个编辑框内输入期望的密码。也可以单击下面的"Add User"按钮另行添加新的用户。单击"Next"按钮，效果如图 2-25 所示。

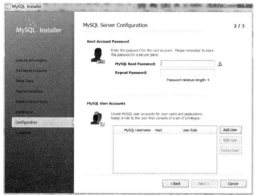

图 2-24　配置页面（二）

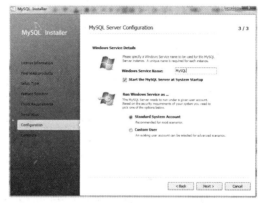

图 2-25　配置页面（三）

（14）单击"Next"按钮，打开配置信息显示页面，如图 2-26 所示。

（15）单击"Next"按钮，即可完成 MySQL 数据库的整个安装配置过程。之后再打开任务管理器，可以看到 MySQL 服务进程 mysqld.exe 已经启动了，如图 2-27 所示。

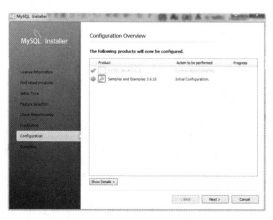

图 2-26　配置信息显示页面

图 2-27　任务管理器窗口

到此为止，我们已经在 Windows 7 上顺利地安装了 MySQL。接下来就可以启动 MySQL 服务与登录数据库进行自己的操作了。

5. 管理 MySQL 数据库

MySQL 数据库没有图形化的窗口，对于初学者来说运用起来很困难。在这里我们介绍一款管理 MySQL 数据库的工具 phpMyAdmin。phpMyAdmin 软件是一款窗口化操作管理平台，可以在 phpMyAdmin 官网"http://planet.phpmyadmin.net/"下载。其安装步骤如下：

（1）首先在"C:\Server\Apache2.2\htdocs"中建立 phpMyAdmin 文件夹，然后解压 phpMyAdmin-4.0.4.1-all-languages.zip 到"C:\Server\Apache2.2\htdocs\phpMyAdmin\"文件夹中，在 libraries 里面找到 config.default.php 文件，把它复制到 phpMyAdmin 根目录下，并重命名为 config.inc.php。

（2）配置 config 文件。首先设置访问网址：

```
$cfg['PmaAbsoluteUri']='';
```

这里填写 phpMyAdmin 的访问网址。

（3）设置 MySQL 主机信息：

```
$cfg['Servers'][$i]['host']='localhost';
```

填写 localhost 或 MySQL 所在服务器的 IP 地址，当前安装 MySQL 和该 phpMyAdmin 在同一服务器，则按默认 localhost。

```
$cfg['Servers'][$i]['port']='';
```

MySQL 端口，如果是默认的则为 3306，保留为空即可。

（4）设置 MySQL 用户名和密码：

```
$cfg['Servers'][$i]['user']='root';
```

填写 MySQL 服务器 user 访问 phpMyAdmin 使用的 MySQL 用户名。

```
 fg['Servers'][$i]['password']='';
```

填写 MySQL 服务器 user 访问 phpMyAdmin 使用的 MySQL 密码。

（5）设置认证方法：

```
$cfg['Servers'][$i]['auth_type'] = 'cookie';
```

在此有 4 种模式可供选择：cookie，http，HTTP，config。

config 方式即输入 phpMyAdmin 的访问网址即可直接进入，无须输入用户名和密码，这是不安全的，不推荐使用。

当该项设置为 cookie、http 或 HTTP 时，登录 phpMyAdmin 需要输入用户名和密码进行验证，具体如下：PHP 安装模式为 Apache，可以使用 http 和 cookie；PHP 安装模式为 CGI，可以使用 cookie。

（6）短语密码（blowfish_secret）的设置：

```
$cfg['blowfish_secret']='';
```

如果认证方法设置为 cookie，就需要设置短语密码，至于设置什么样的密码，由您自己决定，但是不能留空，否则会在登录 phpMyAdmin 时提示错误

完成以上设置，用户通过"http://localhost/ phpMyAdmin /"访问，输入用户名和密码就可以进入 phpMyAdmin 的管理界面了。

2.2 子任务二：WampServer 的下载与安装

任务陈述

前面介绍的环境搭建一系列过程是比较烦琐的。为了免去开发人员将时间花费在烦琐的配置环境过程，从而腾出更多精力去做管理网站，很多开发人员使用 WampServer 整合安装软件。本子任务将详细讲解 WampServer 的下载与安装过程。

知识准备

WampServer 的介绍

WampServer 是 Apache Web 服务器、PHP 解释器及 MySQL 数据库的整合软件包。在 Windows 下将 Apache+PHP+MySQL 集成环境，拥有简单的图形和菜单安装及配置环境。PHP 扩展、Apache 模块，简单安装，再也不用亲自去修改配置文件。WampServer 具有安全性高、版本稳定性好、操作简单等特点。

实施与测试

WampServer 的安装与运行

WampServer 2.5 的安装步骤如下：

（1）打开 WampServer 官网"http://www.wampserver.com/en/"，下载最新的版本，这里下载的是 Wampserver2.5-x64 版本。本版本包括 Apache 2.4.9、PHP 5.5.12、MySQL 5.6.17 以及 phpMyAdmin 4.1.14 等几个软件。

（2）双击安装程序进行安装。整个安装过程很简单，只需要单击"Next"按钮，直到安装完成。在安装过程中"PHP mail parameters"对话框需要注意。其中"SMTP"是服务器名称，如安装在本地，则直接使用默认值即可，如图 2-28 所示界面。

（3）安装完成后，在浏览器地址栏中输入"http://localhost/"，如果显示 WampServer 的基本信息界面表示安装成功。当前软件是英文界面，在右下角会出现一个 🖥 图标，在图标上单击鼠标右键，在弹出的快捷菜单中选择"Language"→"Chinese"就变成中文界面。单击图标，可以看到 Start All Services、Stop All Serviecs 等命令。

WampServer 运行的过程中有些问题需要注意，以下为解决这些问题的方法。

（1）更改端口号为 8080，其目的是不要与 IIS 的端口号 80 相冲突。其方法是：

① 单击图标，在弹出的快捷菜单中选择"停止所有服务"命令。

② 单击图标，在弹出的快捷菜单中选择"Apache"→"httpd.conf"命令，则自动

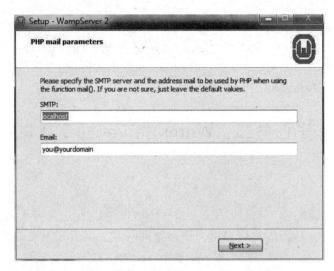

图 2-28 "PHP mail parameters" 对话框

用记事本打开了"httpd.conf"文件。

③ 在该文件中查找"Listen"一词,找到"Listen 0.0.0.0:80",并将其改成"Listen 0.0.0.0:8080"。

当冲突解决后,图标变为绿色表示 WampServer 正常运行了。

(2)更改文件夹目录,这就是用户以后写的 PHP 文档的存放位置。

① 在本地的某一个目录下创建一个文件夹,如"D:|PHPWeb"。

② 按前述步骤中的①、②两步打开"httpd.conf"文件。查找"DocumentRoot"一词。找到"DocumentRoot C:\wamp\www,"并将其改成"DocumentRoot D:\PHPWeb\",继续往下找,找到"<Directory C:\wamp\www>",并将其改成"<Directory D:\PHPWeb\>"。

③ 保存文件后关闭。

(3)创建站点,可以在"D:|PHPWeb"目录下创建若干个站点。

① 在"D:|PHPWeb"目录下先创建一个文件夹,如:mytest。

② 打开 Dreamweaver 软件。选择"站点"→"新建站点"命令。

③ 站点名称任意取。

④ 站点的 http 地址为"http://localhost:8080/mytest/"。

⑤ 使用 PHP MySQL 服务器技术。

⑥ 文件存放在"D:|PHPWeb|mytest"位置。

⑦ 使用"http://localhost:8080/mytest/"URL 来浏览站点的根目录。

⑧ 一直单击"确定"按钮,至此站点创建完毕。

(4)打开 MySQL 数据库。

① 右击图标,在弹出的快捷菜单中选择"停止所有服务"命令。

② 右击图标,在弹出的快捷菜单中选择"phpMyAdmin"命令。

③ 将打开的页面地址"http://localhost/phpmyadmin/",修改成"http://localhost:8080/phpmyadmin/"后,在浏览器中单击"转到"按钮(或者,按回车键)。这时,便可得到一个 MySQL 数据库的可视化操作界面,如图 2-29 所示。

图 2-29 MySQL 数据库可视化操作界面

（5）浏览网页。

① 如果在第（3）步创建的站点目录创建了一个名为 index.php 文件。

② 在浏览器的地址栏中输入"http://localhost:8080/mytest/"，按"回车"键便能进行浏览了。

任务拓展

1. PHP+IIS 服务器的安装与配置。

2. 查阅资料，了解在 Windows 7 下如何进行 PHP+IIS 服务器的安装与配置。

任务重现

1. 根据子任务一，完成在 Windows 上为 BBS 论坛搭建网站开发环境。

2. 根据子任务二，利用 WampServer 软件为 BBS 论坛搭建网站开发环境。

任务 3 网上购物系统前台界面设计

学习目标

"工欲善其事，必先利其器"。在使用 PHP 技术开发动态网站之前，必须先熟练掌握 PHP 的基本语法、控制结构以及函数等基础。只有打好坚实的基础，才能开发出符合企业需求的动态网站。

【知识目标】

- 通过 Dreamweaver 创建站点
- 掌握 PHP 语法结构、输出结果、注释
- 掌握 PHP 语言的常量、变量、数据类型、运算符及表达式
- 掌握 PHP 的流程控制语句
- 掌握 PHP 语言的数组
- 掌握 PHP 语言的函数（常用内置函数、时间日期函数、字符串函数等）与自定义函数
- 掌握表单的处理

【技能目标】

- 掌握 PHP 基本的语法
- 会利用 PHP 开发工具进行简单的 PHP 程序编写

任务背景

本任务我们主要学习 PHP 语法结构、变量、常量、运算符与表达式、各种流程控制语句、函数、数组及表单处理等内容。在学习这些内容的基础上，完成网上购物系统前台界面设计。

任务实施

在完成网站站点建立和学习完 PHP 基本语法的基础上，完成简单商品订单页面功能的设计开发，并通过三个子任务加深读者对 Dreamweaver 与 PHP 语法的理解，为后续任务的学习打下基础。

3.1　子任务一：创建 PHP 动态网站站点

任务陈述

学习 PHP 语言之前，需要先熟练掌握 HTML 语言以及 Dreamweaver 软件的使用，在这个子任务中，我们将学习如何使用 Dreamweaver 软件来创建 PHP 动态站点。

实施与测试

创建 Dreamweaver 动态站点

在任务 2 中，我们已经将网上购物系统的运行环境搭建好，但每次运行 PHP 文件时，均需要在浏览器中输出 URL 路径才能正常运行，比较麻烦。创建 Dreamweaver 站点可以解决这个问题，站点创建完成后，只需要按 F12 键，即可浏览所创建的程序。

在 Dreamweaver 中创建 PHP 站点的操作步骤如下：

（1）打开 Dreamweaver 开发工具，选择"站点"→"新建站点"命令，打开如图 3-1 所示窗口。

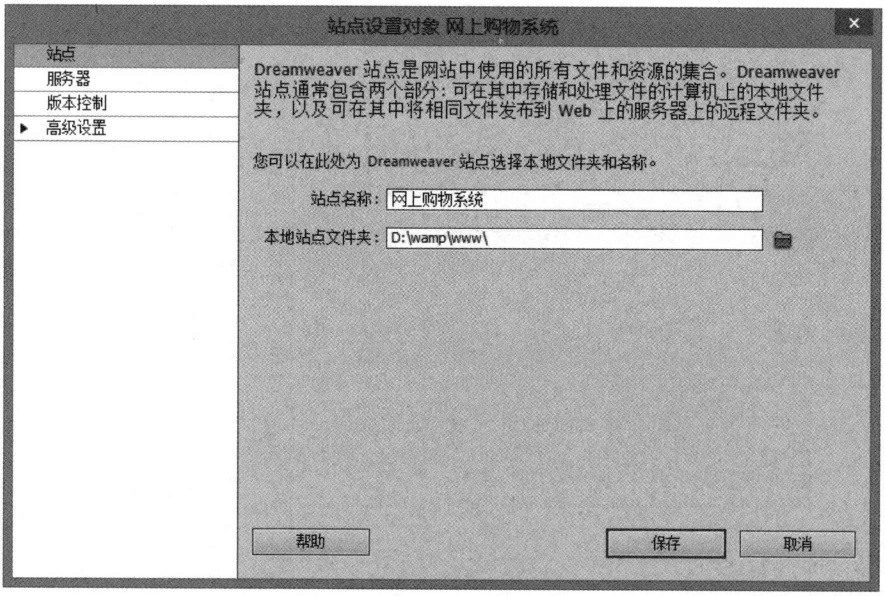

图 3-1　创建站点窗口

其中，"站点名称"由用户自己命名，此处为"网上购物系统"；"本地站点文件夹"可用做网站的保存位置，这里选择 wamp 软件的安装路径中的 www 文件夹下，注意在没有改变 Apache 配置文件时，网站的保存路径不能改变。

（2）单击"站点"下的"服务器"选项，再单击"+"号，选择新服务器，如图 3-2 所示为设置新服务器的基本内容。

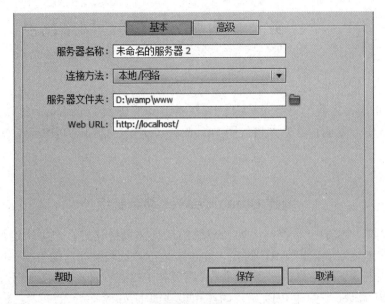

图 3-2　设置新服务器的基本内容

（3）单击"高级"选项卡，设置新服务器的高级项目，如图 3-3 所示为内容设置。

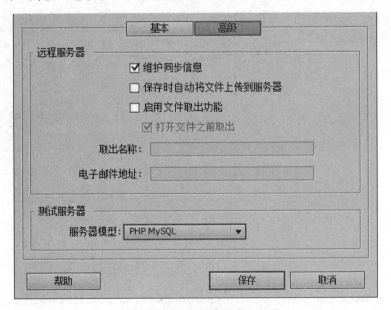

图 3-3　新服务器的高级内容设置

　　（4）单击"保存"按钮，进入"服务器"页面，勾选"测试"复选框，如图 3-4 所示，单击"保存"按钮，完成站点的创建。

　　（5）站点完成后，双击打开位于"文件"面板站点根目录中的"index.php"文件，查看其 PHP 代码。

　　（6）按 F12 键可在浏览器中预览程序运行结果。至此，PHP 文件的编辑环境成功搭建，可以开启"PHP 之旅"了。

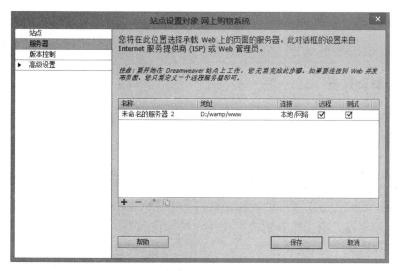

图 3-4　服务器页面

网上购物系统首页剩余部分的制作及其他前台页面的制作。

3.2　子任务二：商品订单页面设计

任务陈述

在此子任务中需要完成一个简单的网上购物系统的商品订单程序，当用户输入相应商品数量后，单击"提交"按钮，会出现另一个页面，上面详细列明了该订单的明细，包括商品的总量、总价格和折扣等。效果如图 3-5 所示。

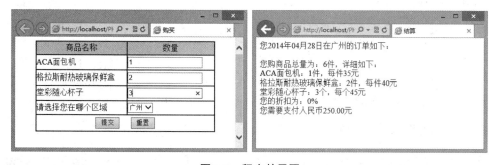

图 3-5　程序效果图

知识准备

3.2.1　PHP 标记

PHP 语言使用标记将 PHP 代码块嵌入到 HTML 中，构成 PHP 动态网页。那么 PHP

引擎如何分辨哪些是需要解释的 PHP 程序代码，哪些是可以直接发送给客户端浏览器的 HTML 呢？其所依据的是本子任务中介绍的 PHP 开始与结束标记，这些标记有下面 4 种基本形式。

1. XML 标记风格

```
<?php
    ...    //PHP 代码
?>
```

XML 标记风格是本书使用的风格，也是最常见的一种风格。它在所有的服务器环境中都能使用，而在 XML（可扩展标记语言）中嵌入 PHP 代码时就必须使用这种标记以适应 XML 的标准，所以推荐用户都使用这种标记风格。

2. 短标记风格

```
<?
    ...    //PHP 代码
?>
```

使用短标记风格时，必须将配置文件"php.ini"中的"short_open_tag"选项值设置为"on"。使用短标记风格时，可能会影响 XML 文档的声明及使用，所以一般情况下不建议使用这种风格。

3. ASP 标记风格

```
<%
    ... //PHP 代码
%>
```

这与 ASP 的标记风格相同。与短标记风格一样，这种风格默认是禁止的。

4. Script 标记风格

```
<script language="php">
    ...    //PHP 代码
</script>
```

Script 标记风格与 Javascript、VBscript 的标记风格相同。

3.2.2　PHP 输出语句

要想在 PHP 程序代码范围内输出信息到网页中，使用的是 echo、sprintf 和 printf 语句，其中 echo 语句是 PHP 程序中最常用的。

echo 语法格式如下：

```
echo"显示内容";
```

【例 3-1】使用输出语句，输出"你好！欢迎使用 PHP！"，其代码如下：

代码 3-1

```php
<?php
    echo'你好!';    //输出"你好!"
    echo"欢迎","使用 PHP!";//输出"欢迎使用 PHP!"
?>
```

以上案例中有两个 echo 语句,第一句输出"你好!",第二句输出"欢迎使用 PHP!"。

① 每条语句后需要加分号";"结束。

② echo 语句输出的内容可用单引号"'",也可用双引号"""界定。

③ echo 语句可同时输出多个字符串,字符串之间可用逗号","分隔开。

3.2.3 注释语句

注释是对 PHP 代码的解释和说明,在程序运行时,注释内容会被 Web 服务器忽略,不会被解释执行。注释可以提高程序的可读性,提高程序的可移植性,减少后期的维护成本。

PHP 注释一般分为多行注释和单行注释。

① 多行注释。以"/*"开始,"*/"结束。

② 单行注释。以"//"或"#"开始,所在行结束时结束。

【例 3-2】注释案例,其代码如下:

代码 3-2

```php
<?php
    /*  作者:海陆空
    完成时间:2018.04
    内容:PHP 测试  */
    echo'你好!';    //  这是以//开始的单行注释
    echo"欢迎","使用 PHP! ";   #  这是以#开始的单行注释
?>
```

以上两个程序的运行结果完全相同。

3.2.4 变量

变量是什么?为什么叫变量?变量就是一个储存数据的容器。因为这个容器中的数据可能随时都会改变(看程序怎么去运作),所以叫变量。

1. 变量的命名与赋值

变量的命名必须符合以下规则:

● 变量必须由一个美元符号"$"开头,例如,$abc。

● 变量名的第二个符号必须是字母或下画线,后面可以是字母、数字或者下画线组合。

● 变量名严格区分大小写,如果两个变量只是大小写不同,则被视为两个变量。

在 PHP 程序中，变量的赋值往往是和变量的命名一起进行的。例如：

```
$username="张三";        //合法的变量名
$var="hello";           //合法的变量名
adr="云台山";           //非法的变量名
```

2. 数据类型

PHP 支持 8 种数据类型，具体如表 3-1 所示。

表 3-1　PHP 数据类型

分　　类	类　　型	类　型　名　称
标量类型	boolean	布尔型
	integer	整型
	float/double	浮点型
	string	字符串
复合类型	array	数组
	object	对象
特殊类型	resource	资源
	NULL	空

1）布尔型（boolean）

布尔型的数据值只有两个，即真和假，或 1 和 0。布尔型数据主要用在条件表达式和逻辑表达式中，用做判断表达式的结果。

2）整型（integer）

整型变量的值是整数，在 32 位机器中，整型的表示范围为 $-2147483648\sim+2147483647$。整型值可以用十进制、八进制或十六进制数表示。在使用八进制数表示时，数字前必须加 0；在使用十六进制数表示时，数字前必须加 0x。例如：

```
$n1=123;             //十进制数
$n2=-34;             //十进制负数
$n3=0123;            //八进制数（等于十进制数的 83）
$n4=0x123;           //十六进制数（等于十进制数的 291）
```

3）浮点型（float 和 double）

浮点型也称浮点数或实数，在 32 位机器中，浮点数的表示范围为 $1.7E-308\sim1.7E+308$。例如：

```
$pi=3.1415926;       //十进制浮点数
$width=3.3E4;        //科学计数法浮点数
$var=3E-5;           //科学计数法浮点数
```

4）字符串类型（string）

字符串类型可表示单个字符和多个字符，在将字符值赋值给字符变量时，必须要用双引号或单引号加在字符值的头和尾。例如，"$var"和'$var'.

双引号或单引号均可以定义字符值，但两者绝不等价。使用单引号时，程序不会判断字符串中是否包含变量，也就是说，即使字符串中包含变量，也只输出变量名，不输出变量值；而使用双引号时，则输出变量值。

【例 3-3】

代码 3-3

```php
<?php
    $str="和平";
    echo"世界$str";          //输出:世界和平
    echo'世界$str';          //输出:世界$str

?>
```

如果要输出单引号或双引号，则需要使用转义字符 "\"。在 PHP 中还有一些特殊字符的转义字符，如表 3-2 所示。

表 3-2　PHP 特殊字符转义字符表

转 义 字 符	含　义	转 义 字 符	含　义
\"	双引号	\t	制表符
\\	反斜杠	\$	美元符号
\n	换行	\x	十六进制字符
\r	回车		

5）数组（array）

数组是一组由相同数据类型元素组成的一个有序映射。其中的元素可以为多种类型，可以是整型、浮点型或字符串型。

6）对象（object）

其为对象类型数据，是类的具体化实例。

7）资源（resource）

资源是一种特殊的变量，其中保存了到外部资源的一个引用。资源需要通过专门的函数来建立和使用。

8）NULL

该类型只有一个值 NULL。

3. 数据类型之间的转换

PHP 数据类型之间的转换有两种：自动转换和强制转换。PHP 中数据类型的自动转换很常见。

【例 3-4】

代码 3-4

```php
<?php
    $str1=1;
    $str2="ab";
```

```
    echo $num1=$str1+$str2;              //$num1 的结果为整型（1）
    echo $num2=$str1+5;                  //$num2 的结果为整型（6）
    echo $num3=$str1+2.56;               //$num3 的结果为浮点型（3.56）
?>
```

上面例子中字符串连接操作将使用自动转换。连接操作前，$a 是整数类型，$b 是字符串类型。连接操作后，$a 自动转换为字符串类型。

PHP 自动转换类型的另一个例子是加号"+"，参与"+"运算的运算数都将被解释成整数或浮点数。

【例 3-5】

代码 3-5

```
<?php
    $a=10;
    $b='string';
    echo $a.$b;        //输出"10string"
?>
```

PHP 还可以使用强制类型转换。它将一个变量或值转换为另一种类型，这种转换与 C 语言类型的转换是相同的：在要转换的变量前面加上用括号括起来的目标类型。PHP 允许的强制转换如下。

```
(int),(integer)：转换成整型
(string)：转换成字符型
(float),(double),(real)：转换成浮点型
(bool),(boolean)：转换成布尔型
(array)：转换成数组
(object)：转换成对象
```

【例 3-6】

代码 3-6

```
<?php
    echo $var=(int)"hello";      //变量为整型（值为 0）
    echo $var=(int)True;         //变量为整型（值为 1）
    echo $var=(int)12.56;        //变量为整型（值为 12）
    echo $var=(string)10.5;      //变量为字符串型（值为"10.5"）
    echo $var=(bool)1;           //变量为布尔型（值为 1）
?>
```

3.2.5 常量

常量是指在程序运行中无法修改的值。常量分为自定义常量和预定义常量。

1. 自定义常量

自定义常量使用 define()函数来定义。语法格式如下：

```
define("常量名","常量值");
```

常量一旦定义，就不能再改变或取消定义，而且值只能是标量，和变量不同，常量定义时不需要加"$"，常量是全局的，可以在脚本的任何位置引用；常量一般用大写字母表示。

【例 3-7】

代码 3-7

```php
<?php
    define("PI",3.1415926);
    define("CONSTANT","Hello World!");
    echo PI;                ////输出"3.1415926"
    echo CONSTANT;          //输出"Hello World!"
?>
```

2. 预定义常量

PHP 提供了大量的预定义常量。但是很多常量是由不同的扩展库定义的，只有加载这些扩展库后才能使用。预定义常量使用方法和常量相同，但它们的值会根据情况的不同而不同，经常使用的预定义常量有 5 个，这些特殊的常量是不区分大小写的，如表 3-3 所示。

表 3-3　PHP 的预定义常量

名　　称	说　　明
__FILE__	常量所在的文件的完整路径和文件名
__LINE__	常量所在文件中的当前行号
__FUNCTION__	常量所在的函数名称
__CLASS__	常量所在的类的名称
__METHOD__	常量所在的类的方法名

3.2.6　运算符和表达式

1. 运算符

1）算术运算符

PHP 提供了 7 种算术运算符，如表 3-4 所示。

表 3-4　PHP 算术运算符

符　　号	含　　义	符　　号	含　　义
+	加法运算符	%	取余运算符
-	减法运算符	++	自加运算符
*	乘法运算符	--	自减运算符
/	除法运算符		

【例 3-8】

代码 3-8

```php
<?php
    $a=10;
    $b=3;
    echo $num=$a+$b;              //运算结果为 13
    echo $num=$a-$b;              //运算结果为 7
    echo $num=$a*$b;              //运算结果为 30
    echo $num=$a/$b;              //运算结果为 3.33333...
    echo $num=$a%$b;             //运算结果为 1
    echo $num=$a++;               //运算结果为 10
?>
```

2）字符串运算符

字符串运算符只有一个，就是英文输入法状态下的逗号。用其将两个字符串连接起来，组合成一个新的字符串。

3）赋值运算符

赋值运算符的作用是将右边的值赋给左边的变量，最基本的赋值运算符是"="，如"$a=5"表示将 5 赋值给变量$a，变量$a 的值是 5。PHP 赋值运算符如表 3-5 所示。

表 3-5 PHP 赋值运算符

符 号	用 法	相 当 于
+=	$a+=$b	$a=$a+$b
-=	$a-=$b	$a=$a-$b
*=	$a*=$b	$a=$a*$b
/=	$a/=$b	$a=$a/$b
%=	$a%=$b	$a=$a%$b
.=	$a.=$b	$a=$a.$b

4）位运算符

位运算符可以操作整型和字符串型两种类型数据。它允许按照位来操作整型变量，如果左、右参数都是字符串，则位运算符将操作字符的 ASCII 值。PHP 位运算符如表 3-6 所示。

表 3-6 PHP 位运算符

符 号	用 法	相 当 于
&	按位与/$a&$b	将$a 和$b 的每一位进行与操作
|	按位或/$a\|$b	将$a 和$b 的每一位进行或操作
^	按位异或/$a^$b	将$a 和$b 的每一位进行异或操作
~	按位非/~$a	将$a 中的每一位进行取反操作
<<	左移/$a<<$b	将$a 左移$b 位
>>	右多/$a>>$b	将$a 右移$b 位

5）比较运算符

比较运算符用于对两个值进行比较，不同类型的值也可以进行比较，如果比较的结果为真则返回 True，否则返回 False。PHP 比较运算符如表 3-7 所示。

表 3-7 PHP 比较运算符

符 号	含 义	符 号	含 义
<	小于	==	等于
>	大于	===	恒等于
<=	小于等于	!=	不等
>=	大于等于	!==	不恒等

说明：恒等于"==="，只有运算符两端的操作数相等并且具有相同的变量类型时候，才返回真值，例如，0===0 为真，0==='0'为假。

6）逻辑运算符

逻辑运算符可以操作布尔型数据，PHP 中的逻辑运算符有 6 种，如表 3-8 所示。

表 3-8 PHP 逻辑运算符

符 号	用 法	相 当 于
&&(and)	与/$a&&$b	$a 和$b 都为真时，返回真，否则为假
||(or)	或/$a\|\|$b	$a 和$b 有一个为真时，返回真，否则为假
!	非/!$a	$a 为真时，返回假，否则为真
Xor	异或/$axor$b	$a 或$b 为真时，返回真，若都为真或假时，返回假

7）其他运算符

PHP 还提供了一种三元运算符<?:>，它与 C 语言中的相同，语法格式如下：

```
Condition?Value if True:value if False
```

运算规则：Condition 表示需要判断的条件，当条件为真时返回冒号前面的值，否则返回冒号后面的值。

【例 3-9】

代码 3-9

```php
<?php
    $a=10;
    $b=$a>100?'YES':'NO';
    echo $b;                //输出"NO"
?>
```

8）运算符的优先级和结合性

上面介绍了很多的运算符，当多个运算符联合使用的时候，哪个运算符首先起作用就成了问题，这涉及运算符的优先级问题。一般来说，优先级就是运算符的执行顺序。

另外运算符还有结合性，也就是同一优先级运算执行顺序问题。这种执行顺序通常有从左到右、从右到左或者非结合几种。运算符的优先级及结合性如表 3-9 所示。

表 3-9　运算符的优先级及结合性

优　先　级	结　合　方　向	运　算　符
1	非结合	New
2	从左到右	[]
3	非结合	++、--
4	非结合	!、~、-
5	从左到右	*、/、%
6	从左到右	+、-、.
7	从左到右	<<、>>
8	非结合	<、>、<=、>=
9	非结合	==、===、!=、!==
10	从左到右	&
11	从左到右	^
12	从左到右	|
13	从左到右	&&
14	从左到右	||
15	从左到右	?:
16	从右到左	=、+=、-=、*=、/=、%=、.=
17	从左到右	and
18	从左到右	xor
19	从左到右	or
20	从左到右	,

2. 表达式

操作数和操作符组合在一起即组成表达式。表达式是由一个或者多个操作符连接起来的操作数，用来计算出一个确定的值。

根据表达式中运算符类型不同，可以把表达式分为：赋值表达式、算术表达式、逻辑表达式、位运算表达式、比较表达式、字符串表达式等。

3.2.7　流程控制语句

控制结构确定了程序中的代码流程，例如某条语句是否多次执行，执行多少次，以及某个代码块何时交出执行控制权。

1. if 条件结构

1）if 语句

如果程序需要判断，最常用的便是 if 条件结构。if 语句的语法如下：

```
if(条件表达式){
...
}
```

【例 3-10】

代码 3-10

```php
<?php
    $age=22;
    if($age>=18){
        echo"已成年.";}      //输出"已成年"
?>
```

2）if…else 条件语句

if 语句只是针对条件满足时做出反应，而 if…else 则可以对条件满足或不满足的情况分别做出相应的操作，其语法为：

```
if(条件表达式){
    语句块 1;}
else{
    语句块 2;}
```

如果条件表达式的值为 true，则执行 if 后面的语句块 1；如果条件表达式的值为 false，则执行 else 后面的语句块 2。

【例 3-11】

代码 3-11

```php
<?php
    $age=22;
    if($age>=18){
        echo"已成年.";}
    else{
        echo"未成年";}      //输出"已成年"
?>
```

3）if…else if 条件语句

if…else 语句只提供两种选择，但在某些情况下，会遇到两种以上的选择，此时需要使用 if 多分支结构语句即 if…else if 语句，其语法为：

```
if(条件表达式 1){
    语句块 1;}
else if(条件表达式 2){
    语句块 2;}
......
else{
    语句块 n;}
```

如果条件表达式 1 的值为 true,则执行语句块 1;否则如果条件表达式 2 的值为 true,则执行语句块 2;如果条件表达式均不满足,则执行语句块 n。

【例 3-12】已知商品的原价,利用 if…else 语句求商品的优惠价,其页面预览结果如图 3-6 所示。

图 3-6　页面预览结果

程序代码如下:

代码 3-12

```
<html>
<head>
</head>
<body>
<form id="form1" name="form1" method="post" action="">
<p>请输入商品原价:
</p>
<p><label for="price"></label>
<input type="text" name="price" id="price" />
<input type="submit" name="button" id="button" value="计算" />
</p>
</form>
<?php
if(isset($_POST['button']))      //判断"计算"按钮是否被按下
{
    $price=$_POST['price'];      //接收文本框 price 的值
    if($price<1000)
        $newprice=$price;        //原价小于 1000 不优惠
    else if($price<3000)
        $newprice=$price*0.9;    //原价大于等于 1000 且小于 3000,9 折优惠
        else
        $newprice=$price*0.8;    //原价大于等于 3000,8 折优惠
```

```php
    echo "商品的原价是".$price."<br>"."商品的优惠价是".$newprice;
  }?>
</body></html>
```

4）switch 语句

当分支较多时，使用 if…else if 语句会让程序变得难以阅读，而多分支结构 switch 语句，则显得结构清晰，便于阅读。其语法为：

```
switch（表达式){
case 常量表达式 1:语句块 1；break;
case 常量表达式 2:语句块 2；break;
……
case 常量表达式 n:语句块 n；break;
[default:语句块 n+1;break;]  }
```

switch 语句将表达式的值与常量表达式进行比较，如果相符，则执行相应常量表达式后面的语句块，如果表达式的值与所有常量表达式均不相符，则执行 default 后面的语句块。

【例 3-13】

代码 3-13

```php
<?php
    $price=3000;
    switch($price){
        case ($price>2500):echo "购物满 2500 打八折";break;
        case ($price>1500):echo "购物满 1500 打九折";break;
        default:echo "不打折";break;
    }
?>
```

2. 循环结构

PHP 中的循环结构与 C 语言类似，共有 3 种循环方式，分别为 while、do…while 和 for 语句。

1）while 循环结构

while 循环为先测试循环，也就是只有条件条件式判断成立后，才会执行循环内的循环体语句。其语法为：

```
while(条件表达式){
        循环体语句;
  }
```

【例 3-14】

代码 3-14

```php
<?php
    $a=6;
```

```
    while($a<10){                        //当$a 小于 10 时，输出"$a<10"
        echo'$a<10';
        $a++;                            //循环体语句共执行 4 次
    }
?>
```

2）do…while 循环结构

do…while 又称为后测试循环。与 while 循环不同的是，do…while 循环一定要先执行一次循环体语句，然后再去判断条件表达式是否成立，即判断循环是否终止。其语法为：

```
do{
    循环体语句；
}while(条件表达式）；
```

【例 3-15】

代码 3-15

```
<?php
    $a=6;
    do{
        echo'$a<10';
        $a++;                            //循环体语句共执行 1 次
    }while($a>10)
?>
```

3）for 循环结构

在使用 for 循环时，需要判断变量的初始值与循环是否继续重复执行的条件，以及每循环一次后所要做的动作。其语法如下：

```
for(初始值；执行条件；执行动作){
    循环体语句；
}
```

【例 3-16】

代码 3-16

```
<?php
    for($i=2;$i<=4;$i++){
        echo"2*$i=".$i*2; //输出" 2*2=4  2*3=6  2*4=8"
    }
?>
```

4）其他循环控制语句

在正常循环执行语句体的时候，难免在某些特殊情况下需要终止循环，这时候需要一些特殊的语句来使程序流程跳出循环或者停止本次循环操作。PHP 中提供了两条语句 break 与 continue 来实现上述操作。break 语句的作用是跳出整个循环，执行后续代码，而 continue 语句则是跳出本次循环，继续执行下一次循环操作。

5）循环嵌套

在一个循环体内又包含了另一个完整的循环结构，称为循环嵌套。循环嵌套主要由 while 循环、do…while 循环和 for 循环 3 种循环自身嵌套和相互嵌套构成。循环嵌套的外循环应"完全包含"内层循环，不能发生交叉；内层循环与外层循环的变量一般不应同名，以免造成混乱；嵌套循环要注意使用缩进格式，以增加程序的可读性。

【例 3-17】使用循环语句输出"九九乘法表"，其页面预览结果如图 3-7 所示。

程序代码如下：

代码 3-17

```php
<?php
    for($i=1;$i<=9;$i++){
        for($j=1;$j<=$i;$j++)
            echo $i.'*'.$j.'='.$i*$j.'   ';
        echo'<br>';
    }
?>
```

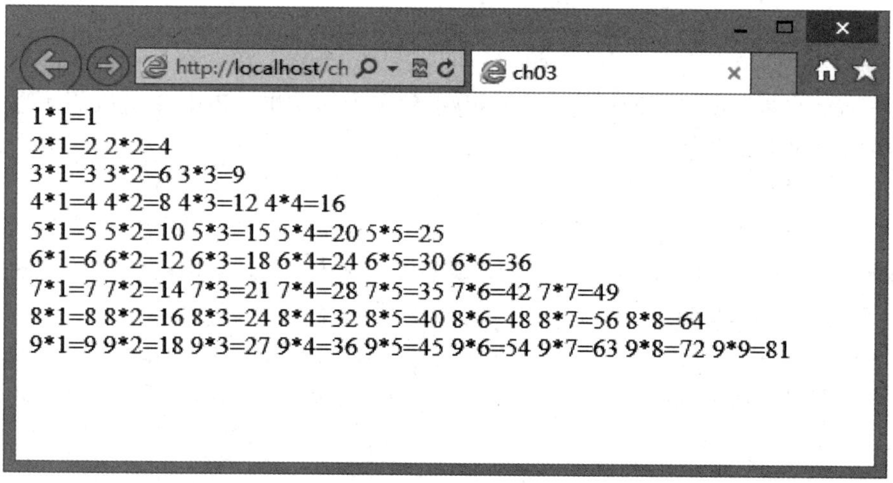

```
1*1=1
2*1=2 2*2=4
3*1=3 3*2=6 3*3=9
4*1=4 4*2=8 4*3=12 4*4=16
5*1=5 5*2=10 5*3=15 5*4=20 5*5=25
6*1=6 6*2=12 6*3=18 6*4=24 6*5=30 6*6=36
7*1=7 7*2=14 7*3=21 7*4=28 7*5=35 7*6=42 7*7=49
8*1=8 8*2=16 8*3=24 8*4=32 8*5=40 8*6=48 8*7=56 8*8=64
9*1=9 9*2=18 9*3=27 9*4=36 9*5=45 9*6=54 9*7=63 9*8=72 9*9=81
```

图 3-7　页面预览结果

3.2.8　数组

数组是一组数据的集合，这组数据的类型可以相同，也可以不同，数组将它们结合在一起形成一个可操作的整体。数组本身也是变量，其命名与变量命名规则一致。组成数组的元素称为数组元素。每个数组元素对应一个编号，这个编号称为数组的键（key），每个键对应一个值（value）。PHP 中有两种数组，即索引数组和关联数组。索引数组的键是整数，且从 0 开始标注。关联数组以字符串作为键。

1. 创建数组

数组在使用之前，必须先创建。PHP 中有两种方式可以创建数组，一种是使用 array()函数，另一种是直接赋值。其语法格式如下：

```
array([key=>]value,...)
```

【例 3-18】

代码 3-18

```php
<?php
    $stuinfo1=array('2014022201', '张小欣','女','20');
                                        //使用 array()函数创建索引数组
    $stuinfo2[0]='2014022201';          //使用直接赋值方式创建数组
    $stuinfo2[1]='张小欣';
    $stuinfo2[2]='女';
    $stuinfo2[3]='20';
    $stuinfo3=array('stu_no'=>'2014022201','stu_name'=>'张小欣','stu_
sex'=>'女','stu_age'=>'20');
                                        //使用 array()函数创建关联数组
?>
```

上述代码中使用了 3 种方法来创建数组。第 1 种方法省略了"key=>"的数组定义，第 3 种方法是完整定义。第 2 种方法中，若 key 为字符串，在调用数组元素时，务必记得在 key 的两边添加上双引号，否则得不到正确的结果。PHP 中的数组可以是一维数组，也可以是多维数组。

2. 遍历数组

遍历数组是指依次访问数组中的每一个数组元素，直到访问完为止。在遍历过程中可以完成对数组元素的查询或者其他的运算操作。PHP 中，常用的遍历数组的方法是 for 循环结构和 foreach 循环结构。

1）for 循环结构

只有当数组是索引数组且该数组的索引（key）是连续整数时，方能使用 for 循环结构进行遍历。

【例 3-19】

代码 3-19

```php
<?php
    $stuinfo1=array('2014022201','张小欣','女','20');
    for($i=0;$i<count($stuinfo1);$i++)
        echo $stuinfo1[$i]."<br>";
?>
```

程序运行结果：

```
2014022201
张小欣
女
20
```

2）foreach 循环结构

foreach 循环结构仅能用于数组。其语法如下：

```
foreach(array as [$key=>]$value)
```

【例 3-20】

代码 3-20

```php
<?php
    $stuinfo3=array('stu_no'=>'2014022201','stu_name'=>'张小欣','stu_
sex'=>'女','stu_age'=>'20');
    foreach($stuinfo3 as $key=>$value)
        echo $key.":".$value."<br>";
?>
```

程序运行结果：

```
Stu_no:2014022201
Stu_name:张小欣
Stu_sex:女
Stu_age:20
```

3. 常见数组函数

1）数组排序函数

（1）在 PHP 中，数组排序函数有 sort()、rsort()。sort()函数实现对数组升序排序，resort()函数实现对数组降序排序。其语法格式如下：

```
sort($array,$sort_flags)
resort($array,$sort_flags)
```

其中，$array 是指需要排序的数组，$sort_flags 是一个整型变量，省略情况下，是按照字母进行排序的，而其还有另外三种值，其含义如下。

SORT_REGULAR：正常比较，不改变数据类型。

SORT_NUMERIC：数组元素被作为数字来比较，将所有的数组元素转换为数字。

SORT_STRING：数组元素被作为字符串来比较，将所有的数组元素转换为字符串。

【例 3-21】

代码 3-21

```php
<?php
    $score=array(98,34,56,83,100);
    echo"排序前数组元素: "."<br>";
```

```
foreach($score as $value)
    echo $value."<br>";
sort($score);
echo"排序后数组元素："."<br>";
foreach($score as $value)
    echo $value."<br>";
?>
```

运行结果如下。

排序前数组元素：

98

34

56

83

100

排序后数组元素：

34

56

83

98

100

（2）对关联数组进行排序时，可以使用 asort() 函数（升序排序）和 arsort() 函数（降序排序），以保持数组键名与元素值的对应关系。它们的语法格式如下：

```
asort( $array, $sort_flags)
arsort( $array, $sort_flags)
```

其中，$sort_flags 的参数与 sort() 函数一样。

【例 3-22】

代码 3-22

```
<?php
    $score=array("yuwen"=>98,"shuxue"=>34,"english"=>56,"wuli"=>83,
"huaxue"=>100);
    echo"排序前数组元素："."<br>";
    foreach($score as $key=>$value)
        echo $key.":".$value."<br>";
    asort($score);
    echo"排序后数组元素："."<br>";
    foreach($score as $key=>$value)
```

```
    echo $key.":".$value."<br>";
?>
```

运行结果如下。

排序前数组元素：

yuwen:98

shuxue:34

english:56

wuli:83

huaxue:100

排序后数组元素：

shuxue:34

english:56

wuli:83

yuwen:98

huaxue:100

（3）如果希望按照数组的键名进行排序，而并非按照数组元素值来进行排序的话，可以使用 ksort()函数和 krsort()函数。

【例 3-23】

代码 3-23

```
<?php
    $score=array("yuwen"=>98,"shuxue"=>34,"english"=>56,"wuli"=>83,
"huaxue"=>100);
    echo"排序前数组元素:"."<br>";
    foreach($score as $key=>$value)
        echo $key.":".$value."<br>";
    ksort($score);
    echo"排序后数组元素:"."<br>";
    foreach($score as $key=>$value)
        echo $key.":".$value."<br>";
?>
```

运行结果如下。

排序前数组元素：

yuwen:98

shuxue:34

english:56

wuli:83

```
huaxue:100
```

排序后数组元素:

```
english:56
huaxue:100
shuxue:34
wuli:83
yuwen:98
```

2）数组查找函数

使用 array_search()函数可以在数组中查找一个值，并返回这个值所对应的键名，如果没有找到，则返回 false。其语法格式如下：

```
array_search($needle, $array)
```

其中，$needle 为想要查找的值，$array 为需要查找的数组。

【例 3-24】

代码 3-24

```php
<?php
    $abc=array('one'=>'apple','two'=>'orange','three'=>'pear');
    $find='orange';
    $index=array_search($find,$abc);
    echo $index;
    echo"<br>";
    echo $abc[$index];
?>
```

运行结果:

```
two
orange
```

实施与测试 ··

1. 创建两个页面：buy.php 和 order.php。前者用于用户输入订单数据，后者用于计算并显示用户提交的订单信息。

2. 在 buy.php 页面，将静态页面创建完毕，并使表单跳转至 order.php 页面。具体详细代码见【例 3-25】。

【例 3-25】

代码 3-25

```
<form id="form1" name="myform" method="post" action="order.php">
<table    width="367"    height="181"    border="1"    align="center"
```

```
cellpadding="0" cellspacing="0" bordercolor="#990000">
    <tr>
    <td align="center" bgcolor="#CCCCCC">商品名称</td>
    <td align="center" bgcolor="#CCCCCC">数量</td>
    </tr>
    <tr>
    <td>ACA 面包机</td>
    <td><label for="aqty"></label>
    <input type="text" name="aqty" id="aqty" /></td>
    </tr>
    <tr>
    <td>格拉斯耐热玻璃保鲜盒</td>
    <td><label for="bqty"></label>
    <input type="text" name="bqty" id="bqty" /></td>
    </tr>
    <tr>
    <td>堂彩随心杯子</td>
    <td><label for="cqty"></label>
    <input type="text" name="cqty" id="cqty" /></td>
    </tr>
    <tr>
    <td>请选择您在哪个区域</td>
    <td><label for="area"></label>
    <label for="area"></label>
    <select name="area" id="area">
    <option value="sh">上海</option>
    <option value="bj">北京</option>
    <option value="hk">香港</option>
    <option value="gz" selected="selected">广州</option>
    </select></td>
    </tr>
    <tr>
    <td colspan="2" align="center"><input type="submit" name="ok" id="ok"
value="提交"/>      <input type="reset"name="
button2"id="button2" value="重置" /></td>
    </tr>
    </table>
    </form>
```

59

3. order.php 页面，负责接收 buy.php 页面传递过来的数据，并且进行计算，具体详细代码见【例 3-26】。

【例 3-26】

代码 3-26

```php
<?php
    define("APRICE",35.0);
    define("BPRICE",40.0);
    define("CPRICE",45.0);
    $aqty=@$_POST["aqty"];
    $bqty=@$_POST["bqty"];
    $cqty=@$_POST["cqty"];
    if(!empty($aqty)||!empty($bqty)||!empty($cqty))
    {
        echo "您".date("Y年m月d日")."在";
        switch($_POST["area"])
        {
            case ("sh"):echo"上海";break;
            case ("bj"):echo"北京";break;
            case ("hk"):echo"香港";break;
            case ("gz"):echo"广州";break;
        }
        echo "的订单如下：<br><br>";
        $qtytotal=$aqty+$bqty+$cqty;
        echo "您购商品总量为：".$qtytotal."件，详细如下：<br>";
        echo "ACA面包机：".$aqty."件，每件".APRICE."元<br>";
        echo "格拉斯耐热玻璃保鲜盒：".$bqty."件，每件".BPRICE."元<br>";
        echo "堂彩随心杯子：".$cqty."个，每个".CPRICE."元<br>";
        if($qtytotal<10)
            $discount=0;
        else if($qtytotal<50)
                $discount=5;
            else if($qtytotal<200)
                $discount=10;
            else
                $discount=20;
        $pricetotal=($aqty*APRICE+$bqty*BPRICE+$cqty*CPRICE)*((100-$discount)/100);
        echo "您的折扣为：".$discount."%<br>";
```

```
        echo "您需要支付人民币".number_format($pricetotal,2)."元<br>";
    }
    else
    {
        echo"您没有订购商品，请按返回按钮重新订购，谢谢！";
        echo'<p><input type="button"value="返回"name="back"onclick="
window.history.back();"></p>';
    }
 ?>
```

3.3 子任务三：商品计算功能实现

在网上购物系统设计后续模块中，有一个购物车模块的开发，当中涉及计算的编程。现在我们就来设计一个计算器程序，实现简单的加、减、乘、除运算，通过这个任务，让大家对函数与表单功能有实际的应用，加深对这两部分的理解。页面预览效果如图 3-8 所示。

图 3-8　计算器程序页面预览效果

知识准备

3.3.1 函数

函数是一段完成指定任务的已命名代码，函数可以遵照给它的一组值或参数完成相关任务。PHP 中的函数有两种：一种是标准的程序内置函数，该类函数在 PHP 中已经预定义过，有数百种，用户可以不用定义而直接使用；另一种是用户自定义函数，完全由用户根据实际需要而定义。

1. 常用内置函数

1）die()和 exit()函数

在 PHP 中，这两个函数的含义是相同的，只不过，die()函数没有返回值，它的语法格式如下：

```
Void die([string $status])
```

如果参数 status 是字符串，则该函数会在退出前输出字符串，如果 status 是整数，这个值会被用做退出状态，退出状态的值在 0～254 之间，状态 0 则用于成功地终止程序。

【例 3-27】

代码 3-27

```php
<?php
    $abc="网上购物系统";
    echo $abc;
    die("程序终止");
    echo"该语句不会被执行";
?>
```

运行结果：

网上购物系统程序终止

2）empty()函数

empty()函数用于检查变量是否为 0 或者空值，如果变量为 0 或空值则返回 true，否则返回 false。其语法格式如下：

```php
bool empty(mixed $ var)
```

3）格式化 number_format()函数

该函数的作用是通过千位分组来格式化数字。其语法格式如下：

```php
string number_format (float number,[,int decimals[,string dec_point,
string thousands_sep]])
```

● number：需要格式化的数字，如果未设置其他参数，则数字会被格式化为不带小数点且以逗号（,）作为分隔符的字符串。

● decimals：规定小数位数。如果设置了该参数，则使用点号（.）作为小数点来格式化数字。

● dec_point：规定用做小数点的字符串。

● thousands_sep：规定用做千位分隔符的字符串。

【例 3-28】

代码 3-28

```php
<?php
    echo number_format(1234);//1,234
    echo";";
    echo number_format(1234,2);//1,234.00
    echo";";
```

```
echo number_format(1234,2,',','');//1234,00
echo";";
echo number_format(1234,2,'.','');//1234.00;
?>
```

运行结果：

```
1,234;1,234.00;1234,00;1234.00
```

2. 字符串函数

1）统计字符串长度 strlen()函数

该函数用于统计字符串的长度，其中，汉字占两个字符，数字、英文、小数点等符号占一个字符位。

2）截取字符串 substr()函数

该函数从字符串的指定位置截取一定长度的字符。其语法格式如下：

```
string substr(string string,int start[,int length])
```

参数 string 用于指定字符串对象。start 用来指定开始截取的位置，如果 start 为负数，则从字符串的末尾开始截取。参数 length 表示截取的长度。

【例 3-29】

代码 3-29

```php
<?php
    $var="图书是通过一定的方法与手段将知识内容以一定的形式和符号";
    if(strlen($var)>40)
        echo substr($var,0,40)."...";
    else
        echo $var;
?>
```

运行结果：

图书是通过一定的方法与手段将知识内容以一...

3）字符串分割 explode()函数

该函数按照一定的规则将一个字符串进行分割，返回值为数组。语法格式如下：

```
array explode(string separator,string string[,int limit])
```

函数 separator 为分隔符，在 string 中进行分割，limit 表示返回数组中最多的包含元素个数。

4）字符串合并 implode()函数

该函数将数组中的元素合成一个字符串。语法格式如下：

```
string implode(string glue,array pieces)
```

参数 pieces 表示要合并的数组，参数 glue 为连接符。

【例 3-30】对一个规律字符串先分割后输出，然后合并后再输出。代码如下：

代码 3-30

```php
<?php
    $var1="使用*星号*分割*字符串";
    $arr=explode("*",$var1);
    foreach($arr as $value)
        echo $value."<br>";
    $var2=implode("-",$arr);
    echo $var2;
?>
```

运行结果：

使用
星号
分割
字符串
使用-星号-分割-字符串

3. 自定义函数

1）函数定义

PHP 中，自定义函数的语法格式如下：

```
function 函数名([参数 1,参数 2,参数 3......])
    {
        函数体;
        return 函数返回值;
    }
```

自定义函数时需要注意：

● 函数名称用于标识某个函数，PHP 中不允许函数重名，且函数名称只能包括数字、字母和下画线，并且不能以数字开头。

● PHP 自定义函数不能与 PHP 内置函数同名，也不能与 PHP 关键字同名。

● 函数体必须用大括号"{}"括起来，即使只包含一条语句。

● 函数可以没有返回值。

2）函数调用

PHP 中，可以直接用函数名称进行函数的调用。如果函数带有参数，调用时需要传递相应参数。其语法格式如下：

函数名（实参列表）;

【例 3-31】自定义函数，实现从 0 到 *n* 的累加和；使用该函数，计算 0 到 10 的累加和。代码如下：

代码 3-31

```php
<?php
    function jiafa($n)                  //定义函数
    {
        $sum=0;
        for($i=0;$i<=$n;$i++)
            $sum+=$i;
        echo $sum;
    }
    jiafa(10);                          //调用函数，运行结果为 55
?>
```

3）参数传递

在函数调用过程中，需要向函数传递参数，被传入的参数称为实参（如【例 3-31】中的 10），而函数定义的参数称为形参（如【例 3-31】中的$n），参数传递的方式主要有值传递和引用传递。

● 值传递是实参在调用函数前后不发生改变，传递的只是实参的值，函数调用结束后，该实参的值保持不变。

【例 3-32】

代码 3-32

```php
<?php
    function abc($m){
        $m=$m+$m;
        echo"函数内部:".$m;
    }
    $m=10;
    abc($m);
    echo"<br>"."函数外部:".$m;
?>
```

运行结果：

函数内部：20

函数外部：10

● 引用传递。如果希望参数在函数内部改变值的同时，也改变函数外部该参数的值，就需要用到引用传递，引用传递的方式为在参数前面添加"&"符号。

【例 3-33】

代码 3-33

```php
<?php
    function abc(&$m){
        $m=$m+$m;
        echo"函数内部:".$m;
    }
    $m=10;
    abc($m);
    echo"<br>"."函数外部:".$m;
?>
```

运行结果:

函数内部: 20

函数外部: 20

3.3.2 PHP 表单处理

在程序中，要和用户交互就需要使用表单。

1. HTML 表单组成

1）表单

表单是 HTML 中最常用的元素之一，由<form>…</form>标记组成，其语法格式如下:

```
<form name="form1"action="index.php"method="get">...</form>
```

其中 name，action，method 为表单的常用属性，其作用如下。

- name：指明该表单的名字，在同一个页面中，表单具有唯一的名称。
- action：指明表单数据的接收方页面 URL 地址。
- method：指明表单数据提交的方式，有两种方式 get 和 post。get 方式是将表单数据以 url 传值的方式提交，即将数据附加至 url 后面以参数形式发送。post 方式是将表单数据以隐藏方式发送。

2）表单元素

表单元素包含文本框、密码框、隐藏域、复选框、单选框、提交按钮、下拉列表框和文件上传框等，用于采集用户输入或选择的数据。下面以文本框为例，介绍表单元素的常用属性。

```
<input type="text" name="..." maxlength="..." value="...">
```

其中，type、name、maxlength 和 value 的作用说明如下。

- type：指明表单元素类型，"text" 表示为文本框，"checkbox" 表示为复选框。
- name：指明该表单元素的名字，同样也具有唯一性。

- maxlength：指明该表单元素最多可以输入的字符数。
- value：指明该表单元素的初始值。

2. 表单传值

页面中表单数据传送方式有两种：一种是 get，另一种是 post。同样页面中接收表单数据的方式也有两种：一种是$\_GET，另一种是$_POST，它们属于 PHP 中的全局变量，在 PHP 中的任何地方均可以调用这些变量。

【例 3-34】在发送页面中输入姓名与性别后，单击"提交"按钮，然后在接收页面中显示出来。发送页面表单代码如下：

代码 3-34

```
<form  name="form1"method="post"action="3-34.php">
<p>
<label for="name">姓名：</label>
<input type="text"name="name" id="name" />
</p>
<p>性别：
<label for="sex"></label>
<select name="sex" id="sex">
<option value="male">男</option>
<option value="female">女</option>
</select>
</p>
<p>
<input type="submit" name="button" id="button" value="提交" />
</p>
</form>
```

发送数据页面显示效果如图 3-9 所示。

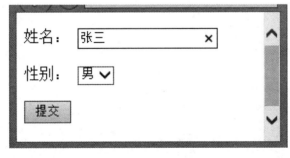

图 3-9 页面显示效果

接收页面代码如下：

```php
<?php
    echo'用户名:'.$_POST['name'];
```

```
echo'<br>';
echo'性别为:'.$_POST['sex'];;
?>
```

接收数据页面效果：

用户名：张三

性别为：male

实施与测试

1. 新建页面

在此页面中利用表单与函数功能制作程序。

2. 静态代码

在创建的页面中，创建静态页面的代码。

【例 3-35】

代码 3-35

```
<html>
<head>
<title>计算器程序</title>
<meta http-equiv="Content-Type" content="text/html; charset=gb2312">
</head>
<body>
<form method=post>
<table>
<tr><td><input type="text" size="4" name="number1">
    <select name="caculate">
    <option value="+">+
    <option value="-">-
    <option value="*">*
    <option value="/">/
    </select>
    <input type="text" size="4" name="number2">
    <input type="submit" name="ok" value="计算">
    </td>
</tr>
</table>
</form>
</body>
</html>
```

3. 动态代码

在页面中插入以下 PHP 代码（以下代码嵌入到代码【例 3-35】中）：

代码 3-36

```php
<?php
function cac($a, $b, $caculate)        //定义 cac 函数，用于计算两个数的结果
{
        if($caculate=="+")                 //如果为加法则相加
            return $a+$b;
        if($caculate=="-")                 //如果为减法则相减
            return $a-$b;
        if($caculate=="*")                 //如果为乘法则返回乘积
            return $a*$b;
        if($caculate=="/"){
            if($b=="0")                    //判断除数是否为 0
                echo "除数不能等于 0";
            else
                return $a/$b;              //除数不为 0 则相除
        }
}
if(isset($_POST['ok'])){
        $number1=$_POST['number1'];       //得到数 1
        $number2=$_POST['number2'];       //得到数 2
        $caculate=$_POST['caculate'];     //得到运算的动作
        //调用 is_numeric()函数判断接收到的字符串是否为数字
        if(is_numeric($number1)&&is_numeric($number2))
        {
            //调用 cac 函数计算结果
            $answer=cac($number1,$number2,$caculate);
            echo"<script>alert('".$number1.$caculate.$number2."=".
$answer."')</script>";
        }
        else
            echo "<script>alert('输入的不是数字！')</script>";
}
?>
```

任务重现

....

完成 BBS 系统前台页面设计与制作。

任务 4　网上购物系统数据库设计

学习目标

开发一个动态网站需要使用数据库保存数据信息。PHP 支持操作多种数据库系统，如 MySQL、SQL Server 和 Oracle 等。在各种数据库中，MySQL 由于其免费、跨平台、使用方便、访问效率高等优点获得了广泛应用。本任务主要讲解如何使用 PHP 操作 MySQL 数据库和网上购物系统的数据库设计。

【知识目标】
- 掌握结构化查询语言 SQL
- 掌握 MySQL 的登录和用户管理
- 能维护 MySQL 数据库
- 能维护 MySQL 数据表
- 能维护和选取数据表的记录
- 掌握 MySQL 数据库管理工具 phpMyAdmin 的操作方法

【技能目标】
- 能利用 MySQL 数据库进行数据表的创建和管理
- 能利用 phpMyAdmin 进行数据库的创建和管理

任务背景

要想网站数据长期保留，除了可以把数据存储在文件中，还可以使用数据库保存数据信息。PHP 支持操作多种数据库系统，如 MySQL、Access 和 Oracle 等。其中，PHP 和 MySQL 的组合使用最为广泛，被称为最佳组合。本任务首先通过介绍 SQL 语句，让读者掌握数据库中数据的各种操作，接着介绍 MySQL 数据库系统的相关操作，让读者掌握操作数据库、数据表的方法，最后根据前几个任务对网上购物系统的需求分析，设计系统所需的数据库表。

任务实施

为网上购物系统设计数据库表及如何使用 PHP 操作 MySQL 数据库表。

4.1　子任务一：数据库设计

任务陈述

数据库在 Web 应用中占有非常重要的地位。无论是什么样的应用，其最根本的功能就是对数据的操作和使用。PHP 只有与数据库相结合，才能充分发挥动态网页编程语言的魅力。所以，只有先做好数据库的分析、设计与实现，才能进一步实现对应的功能模块。

知识准备

网上购物系统可以实现从用户注册到购买商品的全部流程，并且在后台管理中有对商品、商品类型、用户、公告信息、订单信息的添加和管理功能，对于提交的订单可以进行审核操作和发货管理。因此，根据系统的需求，需要设计相应的数据库表，才能实现对数据的存储和使用。

实体图

通过考查事件列表中的事件，可以抽象出某个事件影响了哪些事物，从而确定出系统所使用的事物。对网上购物系统而言，存在以下事物：用户、商品、分类、订单、公告、管理员，这些事物对应于 E-R 模型中的实体。事物间存在着联系，这些联系对应于 E-R 模型中实体间的关系。对于网上购物系统而言，一个用户可以提交多个订单，一个订单中可以包含多个商品，一个分类可以包含多个商品。网上购物系统的 E-R 模型如图 4-1～图 4-3 所示。

该 E-R 模型中有如下实体。

1. 用户实体

自增 ID、用户昵称、密码、电子邮件、电话、地址、注册时间。

2. 商品实体

自增 ID、分类 ID、名称、品牌、出产国、添加时间、市场价、会员价、图片、简介、是否推荐、是否新品。

3. 分类实体

自增 ID、类别名称、类别介绍。

4. 订单实体

自增 ID、订单人 ID、订单商品 ID、订单商品数量、收货人、性别、地址、邮编、电话、电子邮件、收货方式、下单时间、下单人、状态、总计金额。

5. 公告实体

自增 ID、标题、内容、时间。

6. 管理员实体

自增 ID、用户昵称、密码。

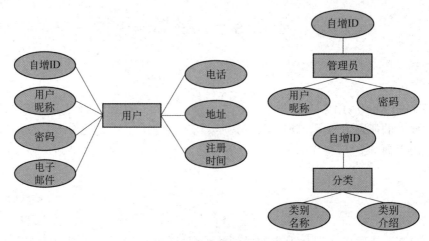

图 4-1　E-R 模型图（一）

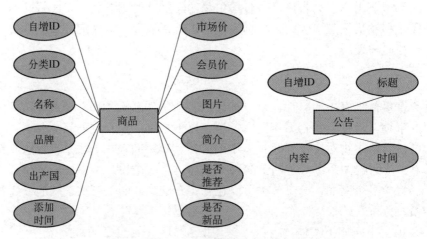

图 4-2　E-R 模型图（二）

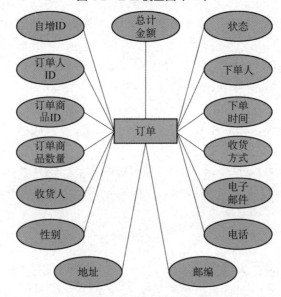

图 4-3　E-R 模型图（三）

实施与测试

创建数据库表

本任务主要创建如下 6 个数据表。

1. 用户表

用户表用于存储用户的各种信息，如表 4-1 所示。

表 4-1　用户表

表名	用户表（tb_user）				
列名	数据类型（精度范围）	是否空	默认值	约束条件	其他
自增 ID（id）	int（11）	not null		PKI	auto_increment
用户昵称（username）	varchar（30）	not null	无	UQI	
密码（password）	varchar（100）	not null	无		
电子邮件（email）	varchar（30）	not null	无		
电话（telephone）	varchar（15）	not null	无		
地址（address）	varchar（100）	not null	无		
注册时间（regdate）	varchar（11）	not null	无		
补充说明					

2. 商品表

商品表用于存储商品的基本信息，如表 4-2 所示。

表 4-2　商品表

表名	商品表（tb_shangpin）				
列名	数据类型（精度范围）	是否空	默认值	约束条件	其他
自增 ID（id）	int（11）	not null		PKI	auto_increment
分类 ID（typeid）	int（11）	not null	无		
名称（EAname）	varchar（50）	not null	无		
品牌（brand）	varchar（30）	not null	无		
出产国（place）	varchar（30）	not null	无		
添加时间（mfgdate）	varchar（12）	not null	无		
市场价（refprice）	varchar（10）	not null	无		
会员价（vipprice）	varchar（10）	not null	无		
图片（photo）	varchar（100）	not null	无		
简介（introduction）	varchar（1000）	not null	无		
是否推荐（recommend）	int（5）	not null	无		
是否新品（newEA）	int（5）	not null	无		
补充说明					

3. 分类表

分类表用于存储商品的类别信息，如表 4-3 所示。

表 4-3　分类表

表名	分类表（tb_type）				
列名	数据类型（精度范围）	是否空	默认值	约束条件	其他
自增 ID（id）	int（11）	not null		PKI	auto_increment
分类名称（typename）	varchar（50）	not null	无		
类别介绍（typedes）	varchar（1000）	not null	无		
补充说明					

4. 订单表

订单表用于存储用户订单的内容，如表 4-4 所示。

表 4-4　订单表

表名	订单表（tb_dingdan）				
列名	数据类型（精度范围）	是否空	默认值	约束条件	其他
自增 ID（orderid）	int（11）	not null		PKI	auto_increment
订单人 ID（userid）	int（11）	not null	无	UQI	
订单商品 ID（spc）	varchar（100）	not null	无		
订单商品数量（slc）	varchar（100）	not null	无		
收货人（shouhuoren）	varchar（30）	not null	无		
性别（sex）	varchar（2）	not null	男		
地址（address）	varchar（100）	not null	无		
邮编（youbian）	varchar（10）	not null	无		
电话（tel）	varchar（30）	not null	无		
电子邮件（email）	varchar（30）	not null	无		
收货方式（shff）	varchar（30）	not null	无		
下单时间（orderdate）	varchar（11）	not null	无		
下单人（xiadanren）	varchar（30）	not null	无		
状态（zt）	varchar（50）	not null	无		
总计金额（total）	varchar（30）	not null	无		
补充说明					

5. 公告表

公告表用于存储系统公告，如表 4-5 所示。

表 4-5　公告表

表名	公告表（tb_gonggao）				
列名	数据类型（精度范围）	是否空	默认值	约束条件	其他
自增 ID（id）	int（4）	not null		PKI	auto_increment
标题（title）	varchar（200）	not null	无		
内容（content）	text	not null	无		
时间（ggdate）	varchar（20）	not null	无		
补充说明					

6. 管理员表

管理员表用于存储网站管理员的相关信息，如表 4-6 所示。

表 4-6　管理员表

表名	管理员表（tb_admin）				
列名	数据类型（精度范围）	是否空	默认值	约束条件	其他
自增 ID（id）	int（11）	not null		PKI	auto_increment
用户昵称（name）	varchar（25）	not null	无	UQI	
密码（password）	varchar（50）	not null	无		
补充说明					

4.2　子任务二：MySQL 数据库操作

任务陈述

　　数据库在 Web 应用中占有非常重要的地位。绝大多数的 Web 系统均采用数据库保存数据资料。网上购物系统 Web 应用程序开发平台采用 WAMP（Windows+ Apache+ MySQL+PHP）。通过本子任务，读者将学习如何使用命令行方式在 PHP 中创建网上购物系统的数据库表，如何使用 phpMyAdmin 管理、操作数据库，以及对数据库的安全管理。

知识准备

　　MySQL 是一个开放源码的小型关联式数据库管理系统，开发者为瑞典 MySQL AB 公司。MySQL 被广泛地应用在 Internet 上的中小型网站中。由于其体积小、速度快、总体拥有成本低，尤其是开放源码这一特点，许多中小型网站为了降低网站总体拥有成本而选择了 MySQL 作为网站数据库。

图 4-4　MySQL 图标

MySQL 的海豚标志的名字叫"sakila"，代表速度、力量、精确，它是由 MySQL AB 的创始人从用户在"海豚命名"的竞赛中建议的大量的名字表中选出的，如图 4-4 所示。2008 年 1 月 16 日 MySQL AB 被 Sun 公司收购。而 2009 年，Sun 又被 Oracle 收购。就这样如同一个轮回，MySQL 成为了 Oracle 公司的另一个数据库项目。

与其他大型数据库如 Oracle、DB2、SQL Server 等相比，MySQL 自有它的不足之处，但是这丝毫没有降低它受欢迎的程度。对于一般的个人使用者和中小型企业来说，MySQL 提供的功能已经绰绰有余，而且由于 MySQL 是开放源码软件，因此可以大大降低总体拥有成本。Linux 作为操作系统，Apache 和 Nginx 作为 Web 服务器，MySQL 作为数据库，PHP/Perl/Python 作为服务器端脚本解释器。由于这 4 个软件都是免费或开放源码软件（FLOSS），因此使用这种方式不用花一分钱（除去人工成本）就可以建立起一个稳定、免费的网站系统，被业界称为"LAMP"组合，如图 4-5 所示。

MySQL 的特性包括以下几点：

（1）使用 C 和 C++语言编写，并使用了多种编译器进行测试，保证源代码的可移植性。

（2）支持 AIX、FreeBSD、HP-UX、Linux、Mac OS、NovellNetware、OpenBSD、OS/2 Wrap、Solaris、Windows 等操作系统。

图 4-5　LAMP

（3）为多种编程语言提供了 API，包括 C、C++、Python、Java、Perl、PHP、Eiffel、Ruby 和 Tcl 等。

（4）支持多线程，充分利用 CPU 资源。

（5）优化的 SQL 查询算法，有效地提高查询速度。

（6）既能够作为一个单独的应用程序应用在客户端服务器网络环境中，也能够作为一个库而嵌入到其他的软件中。

（7）提供多语言支持，常见的编码如中文的 GB2312、BIG5 和日文的 Shift_JIS 等都可以用做数据表名和数据列名。

（8）提供 TCP/IP、ODBC 和 JDBC 等多种数据库连接途径。

（9）提供用于管理、检查、优化数据库操作的管理工具。

（10）支持大型的数据库，可以处理拥有上千万条记录的大型数据库。

（11）支持多种存储引擎。

4.2.1　MySQL 服务的启动与停止

1. 启动服务程序

在安装了 MySQL 之后，安装目录 bin 下会有如图 4-6 所示的一些服务程序。

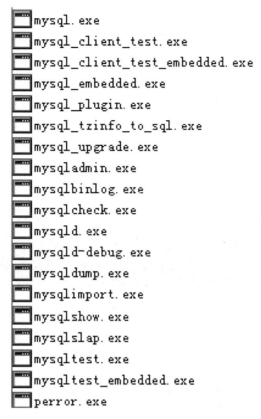

图 4-6　MySQL 服务程序

MySQL AB 提供了 3 种类型的程序。

1）MySQL 服务器和服务器启动脚本

（1）mysqld 是 MySQL 服务器。

（2）mysqld_safe、mysql.server 和 mysqld_multi 是服务器启动脚本。

（3）mysql_install_db 初始化数据目录和初始数据库。

2）访问服务器的客户程序

（1）mysql 是一个命令行客户程序，用于交互式或以批处理模式执行 SQL 语句。

（2）mysqladmin 是具于管理功能的客户程序。

（3）mysqlcheck 执行表维护操作。

（4）mysqldump 和 mysqlhotcopy 负责数据库备份。

（5）mysqlimport 导入数据文件。

（6）mysqlshow 显示信息数据库和表的相关信息。

3）独立于服务器操作的工具程序

（1）myisamchk 执行表维护操作。

（2）myisampack 产生压缩、只读的表。

（3）mysqlbinlog 是处理二进制日志文件的实用工具。

（4）perror 显示错误代码的含义。

MySQL 服务器，即 mysqld，是在 MySQL 中负责大部分工作的主程序。服务器随附了几个相关脚本，当我们安装 MySQL 时它们可以执行设置操作，或者帮助我们启动和停止服务器的帮助程序。

2. Windows 系统下启动 MySQL

以 WAMP 集成安装环境为例，在主流的 Windows 操作系统下，启动 MySQL 可使用如下多种方式。

（1）以命令行的方式使用指令启动 MySQL 服务。选择"开始"→"运行"命令，在弹出的窗口提示框中输入"cmd"指令，即可打开用户终端并输入如图 4-7 所示代码。

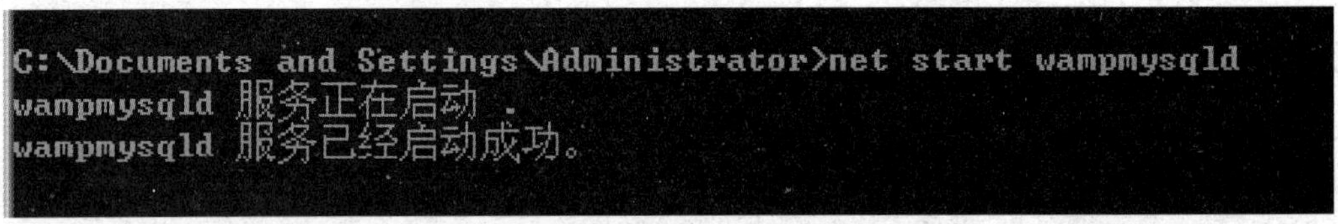

```
C:\Documents and Settings\Administrator>net start wampmysqld
wampmysqld 服务正在启动 .
wampmysqld 服务已经启动成功。
```

图 4-7　以命令行方式开启 MySQL 服务

（2）手动启动、停止 MySQL 服务。单击任务栏的系统托盘中的 WampServer 图标，弹出如图 4-8 所示的界面，用来管理 WampServer 服务。

图 4-8　WAMP 界面

① 单击"Start All Services"选项，则启动 Apache 和 MySQL 服务。

② 单击"Stop All Services"选项，则停止 Apache 和 MySQL 服务。

③ 单击"Restart All Services"选项，则重启 Apache 和 MySQL 服务。

3. 操作系统自动启动 MySQL 服务

单击"开始"→"设置"→"控制面板",打开控制面板,再单击"管理工具"→"服务"来查看系统所有服务。在服务中找到 wampmysqld 和 wampapache 服务,这两个服务分别代表 MySQL 服务和 Apache 服务。双击某服务,在打开的对话框的"常规"选项卡中,将"启动类型"由"手动"改为"自动",单击"确定"按钮即可,如图 4-9 所示。

图 4-9 自动启动 MySQL 服务

4. 关闭服务

与启动 MySQL 服务器相对应,停止 MySQL 服务器也有对应的几种方式。可以在"管理工具"→"服务"窗口中,双击 MySQL 服务,在弹出的对话框中单击"停止"按钮,即可停止 MySQL 服务。

还可以采用 mysqladmin 命令行方式关闭服务。首先用 DOS 命令切换到 MySQL 的安装 bin 目录下,本机所示为 D:\wamp\bin\mysql\mysql5.5.24\bin,然后输入如下命令(见图 4-10):

```
mysqladmin -uroot -p123456 shutdown
```

此时注意观察 wamp 图标,其颜色已由绿色变为橙色。

```
D:\wamp\bin\mysql\mysql5.5.24\bin>mysqladmin -uroot -p123456 shutdown

D:\wamp\bin\mysql\mysql5.5.24\bin>
```

图 4-10 以命令行方式关闭 MySQL 服务

4.2.2 MySQL 的登录与退出

1. 命令行方式登录

当用户开启 MySQL 服务后，就可以使用用户名和密码登录 MySQL 数据库进行相关操作。MySQL 的默认用户是 root，登录数据库的命令如下：

```
mysql  -h 主机地址 -u 用户名 -p 用户密码
```

为了用户的安全性，用户可在输入"-p"指令后按 Enter 键，这样在下一行中会出现"Enter password:"用户提示，这样输入的密码信息会被"*"隐藏。

（1）连接到本机上的 MySQL。首先打开 DOS 窗口，然后进入 MySQL 安装目录，本例是"D:\wamp\bin\mysql\mysql5.5.24\bin"，再输入命令"mysql –u root –p"，回车后提示你输入密码，如果刚安装好 MySQL，超级用户 root 是没有密码的，故直接回车即可进入到 MySQL 中，MySQL 的提示符是：mysql>，如图 4-11 所示。

```
D:\wamp\bin\mysql\mysql5.5.24\bin>mysql -u root -p
Enter password:
Welcome to the MySQL monitor.  Commands end with ; or \g.
Your MySQL connection id is 1
Server version: 5.5.24-log MySQL Community Server (GPL)

Copyright (c) 2000, 2011, Oracle and/or its affiliates. All rights reserved.

Oracle is a registered trademark of Oracle Corporation and/or its
affiliates. Other names may be trademarks of their respective
owners.

Type 'help;' or '\h' for help. Type '\c' to clear the current input statement.

mysql>
```

图 4-11　连接 MySQL 服务器

（2）连接到远程主机上的 MySQL。假设远程主机的 IP 为"110.110.110.110"，用户名为"root"，密码为"abcd123"，则输入以下命令：

```
mysql -h 110.110.110.110 -u root -p abcd123
```

（注：u 与 root 之间可以不用加空格，其他也一样）

（3）退出 MySQL 命令：exit 或者 quit（回车），如图 4-12 所示。

```
mysql> quit
Bye
```

图 4-12　退出 MySQL 服务器

注意：想要成功连接到远程主机，需要在远程主机中打开 MySQL 远程访问权限。方法如下：在远程主机中以管理员身份进入，输入如下命令。

```
mysql>GRANT ALL PRIVILEGES ON *.* TO'netuser'@%'IDENTIFIEDBY'123456' WITH
```

GRANT O PTION；

然后赋予任何主机访问数据的权限。

```
mysql>FLUSH PRIVILEGES;
```

修改生效。"netuser"为我们使用的用户名，密码为"123456"。

在远程主机上设置好之后，我们才可通过"mysql-h110.110.110.110–unetuser-p123456"
连接进入远程主机访问 MySQL 数据资源。

2. Wamp 环境下登录与退出

Wamp 提供了 MySQL console 命令窗口，客户端可以实现与 MySQL 服务器之间的
连接。单击系统托盘中的 WampServer 图标，选择"MySQL"→"MySQL console"命
令，打开命令窗口 MySQL console，如图 4-13 所示。

图 4-13　命令窗口 MySQL console

输入 MySQL 服务器 root 用户的密码，按回车键（若密码是默认的空字符串，直接
按回车键即可）。如果密码输入正确，将出现如图 4-14 所示的提示界面（提示当前数据
库连接的 ID 为 1 或别的整数），此时表明 MySQL 命令窗口成功连接数据库服务器。

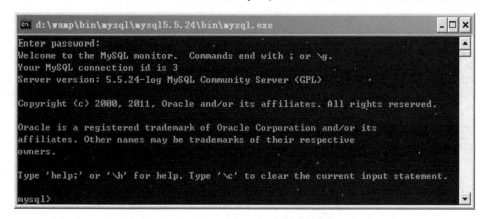

图 4-14　成功连接 MySQL 服务器界面

4.2.3 修改密码

默认密码为空，很不安全，可以使用如下命令修改密码，格式为：

```
mysqladmin -u用户名-p旧密码 password 新密码
```

（1）给 root 添加密码 abc123。首先在 DOS 下进入 MySQL 命令所在的 bin 目录，然后键入以下命令：

```
mysqladmin -uroot  password  abc123
```

注：因为开始时 root 没有密码，所以"-p 旧密码"项可以省略。修改密码命令如图 4-15 所示。

```
D:\wamp\bin\mysql\mysql5.5.24\bin>mysqladmin -uroot password abc123
```

图 4-15 修改密码命令

修改新密码后，再尝试登录，此时需要输入密码，如图 4-16 所示。

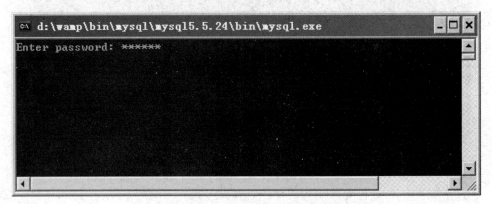

图 4-16 修改命令后再尝试连接界面

（2）再将 root 的密码改为 123456，输入如图 4-17 所示命令。

```
mysqladmin -uroot -pabc123 password 123456
```

```
D:\wamp\bin\mysql\mysql5.5.24\bin>mysqladmin -uroot -pabc123 password 123456
D:\wamp\bin\mysql\mysql5.5.24\bin>
```

图 4-17 修改密码命令

注意：password 后需要有空格。

4.2.4 增加新用户

默认 MySQL 数据库中只有 root 用户，我们可以增加一些普通用户，格式为：

```
grant select on 数据库.* to 用户名@登录主机 identified by "密码"
```

（1）增加一个用户 test1，密码为 abc，让他可以在任何主机上登录，并对所有数据库有查询、插入、修改、删除的权限。首先用 root 用户连入 MySQL，然后输入以下命令：

```
grant select,insert,update,delete on *.* to test1@"%" identified by "abc";
```

但通过这样方法增加的用户是十分危险的，设想如果某人知道 test1 的密码，那么他就可以在 Internet 上的任何一台计算机上登录 MySQL 数据库并对数据为所欲为了，解决办法见（2）。

（2）增加一个用户 test2，密码为 abc，只允许在 localhost 上登录，并只能对特定数据库进行查询、插入、修改、删除的操作（localhost 指本地主机，即 MySQL 数据库所在的那台主机，数据库假设为网上购物系统数据库 db_shop），这样用户即使知道 test2 的密码，他也无法从 Internet 上直接访问数据库，只能通过 MySQL 主机上的 Web 页来访问了，如图 4-18 所示。

```
grant select,insert,update,delete on db_shop.* to test2@localhost identified by "test2";
```

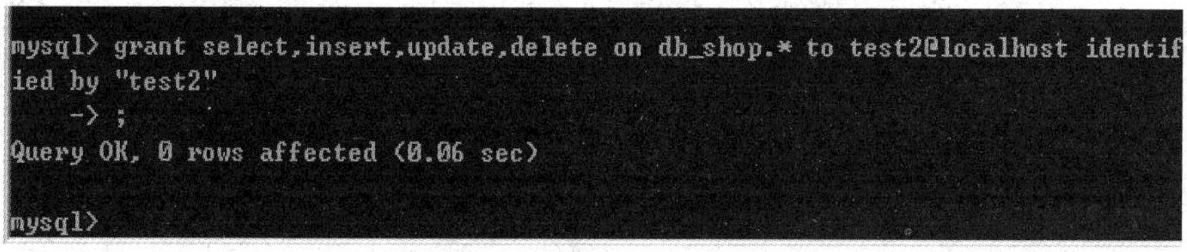

图 4-18 grant 命令分配权限

如果不想 test2 有密码，可以再输入一个命令将密码取消，如下：

```
grant select,insert,update,delete on db_shop.* to test2@localhost identified by " ";
```

注意：因为 grant 命令是 MySQL 环境中的命令，所以后面需带一个分号作为命令结束符。如果输入命令时，回车后发现忘记加分号，无须重输入一遍命令，只要输入一个分号再回车就可以了。也就是说可以把一个完整的命令分成几行来输入，完成后用分号作结束标志即可。或者可以使用光标上下键调出以前的命令。

实施与测试

下面来看看 MySQL 中有关数据库方面的操作。MySQL 服务器在安装后默认创建了 information_schema、mysql、test 三个数据库。前两个数据库用于存储 MySQL 的用户管理、操作和服务等信息。test 数据库为默认创建的一个测试数据库，默认为空。在命令行中，可使用如下命令查看当前服务器有哪些数据库：

```
show databases;
```

注意：必须首先登录到 MySQL 中，以下操作都是在 MySQL 的提示符下进行的，而且每个命令以分号结束。

4.2.5 MySQL 数据库的操作

1. 创建数据库

在实际的应用中，通常需要创建新的数据库，而不使用默认创建的数据库。创建数据库可使用如下命令：

```
create database dbname;
```

其中，dbname 为要创建的数据库的名称。例如，创建一个名为"mydb"的数据库，可使用如下命令：

```
create database mydb;
```

当按 Enter 键后，会出现类似"Query OK,1 row affected"的信息，表明命令成功执行，数据库创建成功。可使用"show databases;"命令查看当前创建的数据库，如图 4-19 所示。

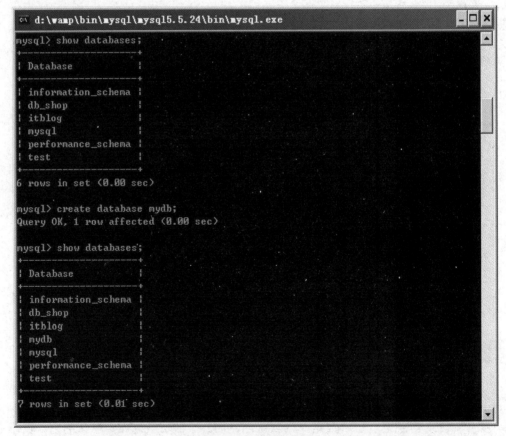

图 4-19　创建数据库

2. 删除数据库

在实际的应用中，有时需要删除已废弃或不再使用的数据库。删除数据库可使用如下命令：

```
drop database mydb;
```

当按 Enter 键后，会出现类似"Query OK,0 rows affected"的信息，表明命令成功执行，数据库删除成功。可使用"show databases;"命令查看当前的数据库，刚才创建的 mydb 数据库已经被删除了，如图 4-20 所示。

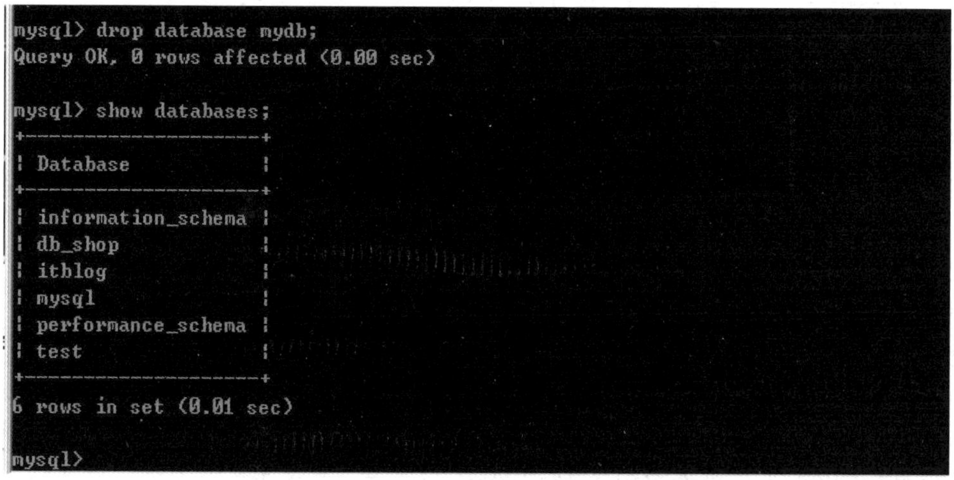

图 4-20　删除数据库

3. 选择数据库

当需要在某个数据库中进行数据表的操作时，首先需要选择要操作的数据库。选择数据库可使用如下命令：

```
use dbname;
```

其中，dbname 为要选择的数据库的名称。例如，网上购物系统项目的数据库名称为 db_shop，可通过命令"use db_shop;"选择本任务的后台数据库，若出现类似"Database changed"的信息，说明成功选择该数据库。

4.2.6　MySQL 数据表的操作

在对 MySQL 数据表进行操作之前，必须首先使用 USE 语句选择数据库，才可在指定的数据库中对数据进行操作，如创建数据表、修改表结构、数据表更名或删除数据表等，否则无法对数据表进行操作，下面分别介绍对数据表的操作方法。

1. 创建数据表

在 MySQL 中创建数据表，可采用在 MySQL 命令行中执行创建数据表的 SQL 语句的方式。在创建数据表的语句中，包含 CREATE TABLE 关键字、列名及列属性等信息。创建数据表的命令如下所示：

```
CREATE [TEMPORARY] TABLE [IF NOT EXISTS] tb_user
[(create_definition,...)]
[table_options] [select_statement]
```

CREATE TABLE 语句的参数说明如表 4-7 所示。

表 4-7　CREATE TABLE 语句的参数说明

关　键　字	说　　明
TEMPORARY	如果使用该关键字，表示创建一个临时表
IF NOT EXISTS	该关键字用于避免表存在时 MySQL 报告的错误
create_definition	表的列属性部分
table_options	表的一些特性参数
select_statement	select 语句部分，用它可以快速地创建表

下面介绍列属性（create_definition 部分）每一列定义的具体格式如下：

```
column_definition:
col_name type [NOT NULL | NULL] [DEFAULT default_value]
    [AUTO_INCREMENT] [UNIQUE [KEY] | [PRIMARY] KEY]
        [COMMENT 'string'] [reference_definition]
```

create_definition 参数说明如表 4-8 所示。

表 4-8　create_definition 参数说明

参　　数	说　　明
col_name	字段名
type	字段类型
NOT NULL	NULL	指出该列是否允许空值，系统一般默认允许为空值，所以当不允许为空值时，必须使用 NOT NULL
DEFAULT default_value	表示默认值
UNIQUE KEY	表示唯一值
AUTO_INCREMENT	表示是否允许自动编号，每个表只能有一个 AUTO_INCREMENT 列，并且必须被索引
PRIMARY KEY	表示是否为主键，一个表只能有一个 PRIMARY KEY
COMMENT	为字段添加注释

以上是创建表的一些基础知识。例如，在 db_shop 数据库中创建一个名为 tb_user 的数据表，用来保存用户信息，如图 4-21 所示，完整代码如下所示：

```
CREATE TABLE tb_user (
  userid int(11) NOT NULL AUTO_INCREMENT,
  username varchar(30) NOT NULL UNIQUE,
  password varchar(100) NOT NULL,
  email varchar(30) NOT NULL,
  address varchar(100) NOT NULL,
  telephone varchar(15) NOT NULL,
```

```
regdate varchar(11) NOT NULL,
PRIMARY KEY (userid)
) ENGINE=MyISAM AUTO_INCREMENT=46 DEFAULT CHARSET=gb2312;
```

该语句创建了一个名为"tb_user"的表。在该表中，序号是以自动递增的方式编号的，并且将序号设置为主键，以标识唯一一条记录。所有列均不能为空。姓名列为唯一列。表的字符集采用 GB2312 编码方式。

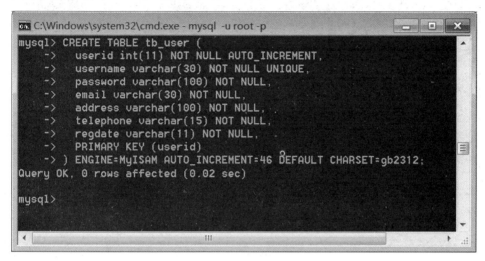

图 4-21 创建用户表

2. 查看数据表

对于创建成功的数据表，可以使用 show columns 语句或 describe 语句查看指定数据表的表结构。利用 describe 语句查看数据表如图 4-22 所示。

describe 语句的语法为：

```
describe 数据表名;
```

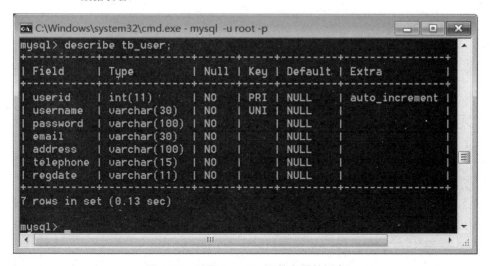

图 4-22 利用 describe 语句查看数据表

其中，describe 可以简写成 desc。在查看表结构时，也可以列出某一列的信息。例如，使用 describe 语句的简写形式查看数据表 tb_user 中 username 列的信息，如图 4-23 所示。

```
C:\Windows\system32\cmd.exe - mysql  -u root -p
mysql> desc tb_user;
+-----------+--------------+------+-----+---------+----------------+
| Field     | Type         | Null | Key | Default | Extra          |
+-----------+--------------+------+-----+---------+----------------+
| userid    | int(11)      | NO   | PRI | NULL    | auto_increment |
| username  | varchar(30)  | NO   | UNI | NULL    |                |
| password  | varchar(100) | NO   |     | NULL    |                |
| email     | varchar(30)  | NO   |     | NULL    |                |
| address   | varchar(100) | NO   |     | NULL    |                |
| telephone | varchar(15)  | NO   |     | NULL    |                |
| regdate   | varchar(11)  | NO   |     | NULL    |                |
+-----------+--------------+------+-----+---------+----------------+
7 rows in set (0.02 sec)

mysql>
```

图 4-23　查看数据表某一列

3. 修改数据表

修改数据表使用 ALTER TABLE 语句，可以增加或删减列、创建或取消索引、更改原有列的类型，或重新命名列或表，还可以更改表的评注和表的类型。

其语法格式为：

```
ALTER [IGNORE] TABLE tbl_name
alter_specification [, alter_specification] ...
```

其中，IGNORE 用于说明如果出现重复关键的行，则只执行一行，其他重复的行被删除。alter_specification 子句用于定义要修改的内容，其语法如下：

```
alter_specification:
ADD [COLUMN] column_definition [FIRST | AFTER col_name ]
                                              //添加字段

| ADD INDEX [index_name] [index_type] (index_col_name,...)
                                              //添加索引

| ADD [CONSTRAINT [symbol]]
      PRIMARY KEY [index_type] (index_col_name,...)     //添加主键
| ADD [CONSTRAINT [symbol]]
      UNIQUE [index_name] [index_type] (index_col_name,...) //添加唯一值
| ADD [CONSTRAINT [symbol]]
      FOREIGN KEY [index_name] (index_col_name,...)       //添加外键
      [reference_definition]
```

```
| ALTER [COLUMN] col_name {SET DEFAULT literal | DROP DEFAULT}
                                                //修改字段名称
| CHANGE [COLUMN] old_col_name column_definition
     [FIRST|AFTER col_name]                     //修改字段类型
| MODIFY [COLUMN] column_definition [FIRST | AFTER col_name]
                                                //修改子句定义字段
| DROP [COLUMN] col_name                        //删除字段名称
| DROP PRIMARY KEY                              //删除主键名称
| DROP INDEX index_name                         //删除索引名称
| DROP FOREIGN KEY fk_symbol
| DISABLE KEYS
| ENABLE KEYS
| RENAME [TO] new_tbl_name                      //更改表名
| ORDER BY col_name
| CONVERT TO CHARACTER SET charset_name [COLLATE collation_name]
| [DEFAULT] CHARACTER SET charset_name [COLLATE collation_name]
| DISCARD TABLESPACE
| IMPORT TABLESPACE
| table_options
```

例如，添加一个新的字段性别（sex），类型为 varchar（4），如图 4-24 所示。

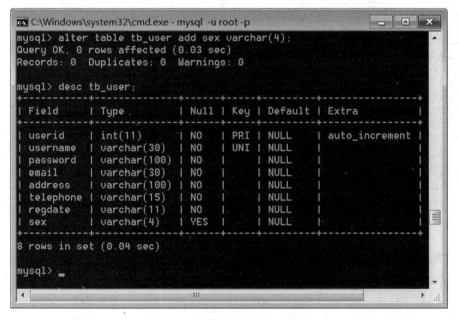

图 4-24　更改表结构添加新字段

将字段 username 的类型由 varchar（30）更改为 varchar（40），如图 4-25 所示。

```
C:\Windows\system32\cmd.exe - mysql -u root -p

mysql> alter table tb_user modify username varchar(40);
Query OK, 0 rows affected (0.05 sec)
Records: 0  Duplicates: 0  Warnings: 0

mysql> desc tb_user username;
+----------+-------------+------+-----+---------+-------+
| Field    | Type        | Null | Key | Default | Extra |
+----------+-------------+------+-----+---------+-------+
| username | varchar(40) | YES  | UNI | NULL    |       |
+----------+-------------+------+-----+---------+-------+
1 row in set (0.03 sec)

mysql>
```

图 4-25　更改表结构字段为新的宽度

4. 重命名数据表

重命名数据表使用 rename table 语句，语法格式如下：

```
rename table 数据表名 1 to 数据表名 2;
```

例如，对数据表 tb_user 进行重命名，更名后的数据表名为 user，如图 4-26 所示。

```
C:\Windows\system32\cmd.exe - mysql -u root -p

mysql> rename table tb_user to user;
Query OK, 0 rows affected (0.03 sec)

mysql> show tables;
+-----------------+
| Tables_in_sshop |
+-----------------+
| user            |
+-----------------+
1 row in set (0.00 sec)

mysql>
```

图 4-26　重命名表

5. 删除数据表

删除数据表使用 drop table 语句，语法格式如下：

```
drop table 数据表名;
```

例如，将刚才修改名称的数据表 user 进行删除，如图 4-27 所示。删除之后，表中的数据将被全部清除，所以应该谨慎操作。

图 4-27　删除表

4.2.7　MySQL 的语句操作

在数据表中插入、浏览、修改和删除记录可以在 MySQL 命令行中使用 SQL 语句完成，下面介绍如何在 MySQL 命令行中执行基本的 SQL 语句。

1. 插入记录 insert

在建立一个空的数据表后，需要向表中添加数据，该操作可以使用 insert 语句完成，其格式为：

```
insert into 数据表名(column_name1,column_name2….)values(value1,value2…..);
```

例如，网上购物系统中用来描述商品类型的表名称为 tb_type，只有三个字段 typeid、typename 和 typedes，给这张表添加数据，如图 4-28 所示。

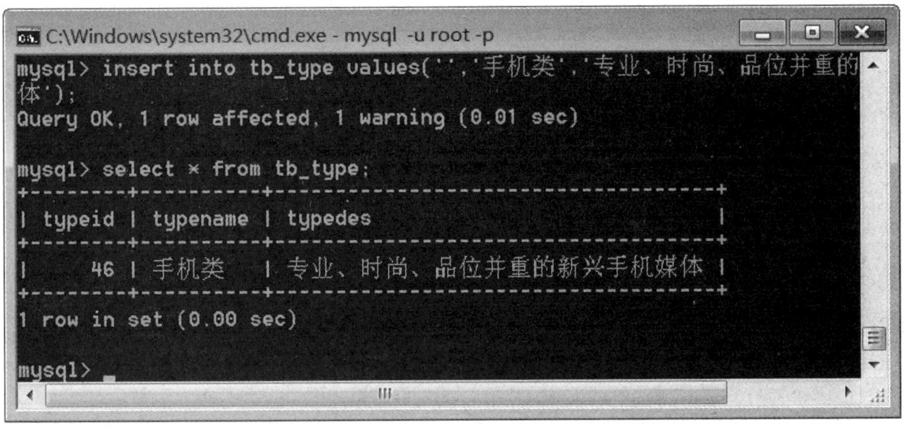

图 4-28　插入数据

当向表中的所有列添加数据时，insert 语句中的字段列表可以省略，如果只是添加部分字段，那么值列表和字段列表的个数与顺序应该一致。例如，向网上购物系统公告表中插入公告内容的 SQL 语句如下：

```
insert into tb_gonggao (title,content,ggdate)values('节约纸张','节约光荣，反对浪费','2018-01-23');
```

在 MySQL 中，一次可以同时插入多行记录，各行记录的值清单在 values 关键字后以逗号 "," 分隔，而标准的 SQL 语句一次只能插入一行。示例代码如下：

```
insert into tb_type values(47,'数码类','手机、相机、笔记本等 IT 数码商品,各种新鲜好玩的潮流数码 IT 行业动态'),(48,'健康类','促进人体健康为目的的功能性电器'),(49,'生活类','提高生活质量相关的各种家用电器');
```

2. 查询数据表记录 select

select 语句用于查询从一个或多个表中选择的行，并可以加入 UNION 语句和子查询。select 语句是最常用的查询语句，它的使用方法有些复杂，但功能非常强大。语法格式如下：

```
select
      [ALL | DISTINCT | DISTINCTROW ]
      select_expr, ...                          //要查询的内容，选择列
      [INTO OUTFILE 'file_name' export_options
        | INTO DUMPFILE 'file_name']            //将查询结果写入外部文件
      [FROM table_references]                   //从哪张表中查询
      [WHERE where_definition]                  //查询时满足的条件
      [GROUP BY {col_name | expr | position}
            [ASC | DESC], ... [WITH ROLLUP]]    //如何对结果进行分组
      [HAVING where_definition]                 //查询时满足的第二条件
      [ORDER BY {col_name | expr | position}
            [ASC | DESC] , ...]                 //如何对结果排序
      [LIMIT {[offset,] row_count | row_count OFFSET offset}]
                                                //限定输出的查询结果
```

在数据库的所有操作中，表记录查询是使用频率最高的操作。下面总结了网上购物系统中常用的一些 SQL 语句。

（1）使用 order by 子句对记录排序。

select 子句返回的结果集由数据库系统动态确定，往往是无序的。order by 子句用于设置结果集的排序方向。排序的方向有升序（asc）和降序（desc）。在排序过程中，MySQL 可以将 null 值处理为最小值。

按照编号的降序返回类别表中的所有记录，代码如下：

```
select * from tb_type order by typeid desc;
```

（2）使用谓词 limit 查询某几行记录。使用 select 语句时，经常要返回前几条记录或者中间几条记录，可以使用 limit 来限定，limit 接受一个或两个整数。start 表示从第几条记录开始输出，length 表示输出的记录行数。表中第一行记录的 start 值为 0（不是 1）。

例如，按照商品价格的降序查询商品表，输出符合条件的前 10 条记录，代码如下：

```
select * from tb_shangpin order by refprice desc limit 0,10;
```

又如，按照生产时间的降序查询商品表中的记录，输出第一条记录，代码如下：

```
select * from tb_shangpin order by mfgdate desc limit 0,1;
```

（3）使用 where 子句过滤记录。由于数据库中存储着海量的数据，用户需要的往往是满足特定条件的部分记录，这就需要对记录进行过滤筛选，where 子句使用的过滤条件是一个逻辑表达式，满足表达式的记录将被返回。

例如，从用户表中找到符合名称的用户记录，代码如下：

```
select * from tb_user where name='$username';
```

又如，从订单表中找到下单人和订单号都符合要求的记录，代码如下：

```
select * from tb_dingdan where xiadanren='$username' and
orderid ='$ddh';
```

like 逻辑运算符用于模式匹配。"%"用来匹配任意数目字符（包括 0 个字符），"_"用于匹配任意单个字符。代码如下：

```
select * from tb_shangpin where  EAname like'%$name%'order
by refprice desc;
```

（4）使用聚合函数返回汇总值。聚合函数用于对一组值进行计算并返回一个汇总值，常用的聚合函数有 sum、avg、count、max 和 min 等。除了 count 函数，聚合函数在计算过程中忽略 NULL 值。

①使用 count 函数统计记录的行数。例如，统计公告表中的记录行数，代码如下：

```
selct count(*) as total from tb_gonggao;
```

②统计商品表中的符合商品类型的所有记录行数，代码如下：

```
select count(*) as total from tb_shangpin where typeid='$id'
order by refprice desc ;
```

3. 更新记录 update

update 语句可以用新值更新原有表行中的各列值。set 子句用于指示要修改哪些列和要给予哪些值。where 子句用于指定应更新哪些行。如果没有 where 子句，则更新所有的行。如果指定了 order by 子句，则按照被指定的顺序对行进行更新。limit 子句根据给定的限值，来限制可以被更新的行的数目。

update 语法格式为：

```
update [LOW_PRIORITY] [IGNORE] tbl_name
    set col_name1=expr1 [, col_name2=expr2 ...]
    [where where_definition]
    [order by ...]
    [limit row_count]
```

update 语句支持以下修饰符：

①如果使用了 LOW_PRIORITY 关键词，则 update 语句的执行被延迟了，直到没有其他的客户端从表中读取为止。

②如果使用了 IGNORE 关键词，则即使在更新过程中出现错误，更新语句也不会中断。如果出现了重复关键字冲突，则这些行不会被更新。如果列被更新后，新值会导致数据转化错误，则这些行被更新为最接近的合法的值。

例如，将用户表 tb_user 中用户名为 test 的密码 123456 修改为 654321，如图 4-29 所示。

下面的语句用于更新公告表的标题和内容：

```
update tb_gonggao set title='$title',content='$content' where
typeid='$_POST[id] '
```

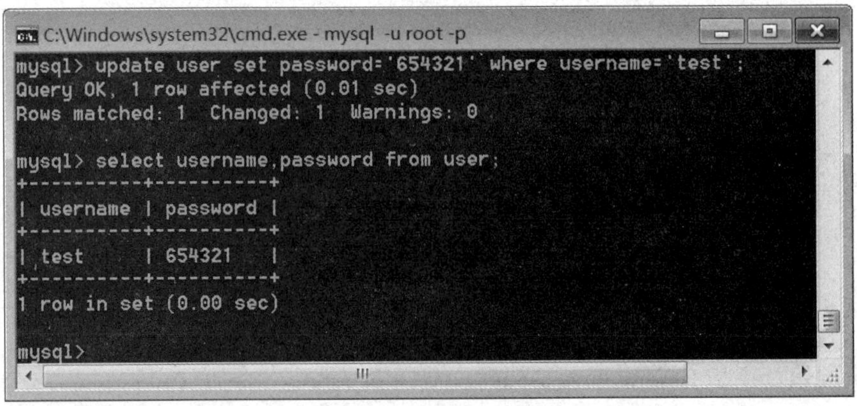

图 4-29　更新记录

4. 删除记录 delete

在数据库中，有些数据已经失去意义或者错误时，就需要将它们删除，此时可以使用 delete 语句，该语句的语法如下：

```
delete [LOW_PRIORITY] [QUICK] [IGNORE] FROM tbl_name
    [where where_definition]
    [order by ...]
    [limit row_count]
```

例如，删除类型数据表 tb_type 中名称为"手机类"的数据记录，如图 4-30 所示。

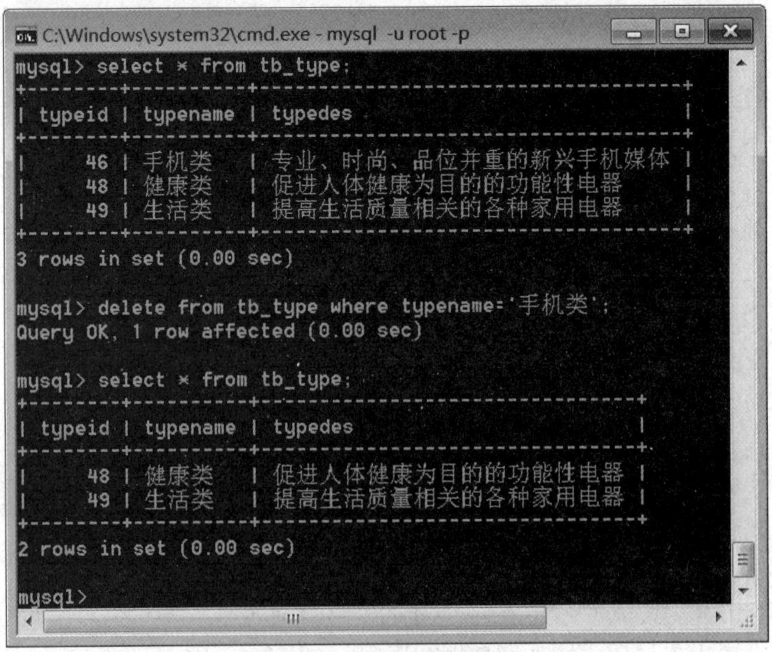

图 4-30　删除记录

任务拓展

4.2.8 使用 phpMyAdmin 管理 MySQL 的数据库

在实际的 Web 开发中，常常需要直接进行数据库的操作，虽然这些操作可以在 MySQL 的命令行中进行，但在命令行中操作数据库毕竟不直观，需要对 MySQL 知识非常熟悉。

当前出现了很多 GUI MySQL 客户程序，其中最为出色的是基于 Web 的 phpMyAdmin 工具，它是众多 MySQL 数据库管理员和网站管理员的首选数据库维护工具。

phpMyAdmin 是一个用 PHP 编写的软件工具，可以通过 Web 方式控制和操作 MySQL 数据库，可以完成对数据库的各项操作，例如建立、复制和删除数据等。

1. phpMyAdmin 配置

phpMyAdmin 目前最新的版本是 4.1.6，可以在 http://www.phpmyadmin.net/ 免费下载最新版本。安装 Wamp 之后就会附带安装 phpMyAdmin 工具，在安装目录\wamp\apps\phpmyadmin4.1.14\下，有 phpMyAdmin 的配置文件 config.inc.php。为了能连接 MySQL 服务器，需要配置相应的用户名和密码。用开发工具打开 config.inc.php，修改其中的配置选项。在本例中，访问 MySQL 数据库的用户名是"root"，密码是"123456"，phpMyAdmin 的登录方式设置为 Cookie，如图 4-31 所示。

```
$cfg['Servers'][$i]['verbose'] = 'localhost';
$cfg['Servers'][$i]['host'] = 'localhost';
$cfg['Servers'][$i]['port'] = '';
$cfg['Servers'][$i]['socket'] = '';
$cfg['Servers'][$i]['connect_type'] = 'tcp';
$cfg['Servers'][$i]['extension'] = 'mysqli';
$cfg['Servers'][$i]['auth_type'] = 'Cookie';
$cfg['Servers'][$i]['user'] = 'root';
$cfg['Servers'][$i]['password'] = '123456';
$cfg['Servers'][$i]['AllowNoPassword'] = true;
```

图 4-31 config.inc.php 配置文件内容

phpMyAdmin 可以设置的登录方式有 3 种：config、http、Cookie。其中 config 是默认的登录方式，该方式表示用户输入正确的用户名和密码就可以直接登录；如果采用 http 方式登录，会弹出一个对话框，提示用户输入用户名和密码；如果使用 Cookie 方式登录，在访问 phpMyAdmin 时会打开一个登录页面，提示用户输入用户名和密码，并将用户名和密码保存在系统的 Cookie 中，下次访问时用户名和密码会自动显示在文本框和密码框的输入框中，通常用于互联网环境。

参数设置完成后保存该文件，在浏览器的地址栏中输入"http://localhost/phpmyadmin/"，即可打开 phpMyAdmin 登录界面（如图 4-32 所示），进入后就可以在图形化管理主界面中进行数据库操作。

欢迎使用 phpMyAdmin

图 4-32　phpMyAdmin 登录界面

2. 数据库操作

在配置完 phpMyAdmin 之后，就可以通过浏览器来运行 phpMyAdmin 了。phpMyAdmin 的运行界面分为两部分。左边是数据库列表，phpMyAdmin 将读取 MySQL 现有的数据库，并列出这些数据库的名称。右边是功能区，phpMyAdmin 支持多国语言及各种字符集，可以在功能区中选择。在界面顶部位置给出了当前 MySQL 服务器地址和当前正在管理的数据库名称。下面紧邻的是一组功能标签，分别对应相应的功能页面或者执行相应的功能。例如，"导入"和"导出"功能标签提供数据库的导出和导入功能，"设置"标签用来设置风格、字体大小，并显示与 MySQL 相关的信息等。phpMyAdmin 运行界面如图 4-33 所示。

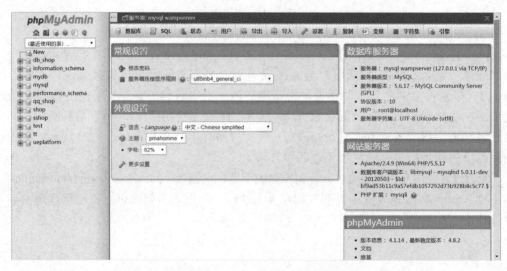

图 4-33　phpMyAdmin 运行界面

（1）创建数据库。在 phpMyAdmin 的"数据库"功能区，单击"创建一个新的数据库"，在打开如图 4-34 所示页面中，输入想要创建数据库的名称，如"qq_shop"，在"整理"下拉列表框中选择"utf8_general_ci"项，单击"创建"按钮，系统将新建一个 MySQL 数据库，并转向这个数据库的管理界面。

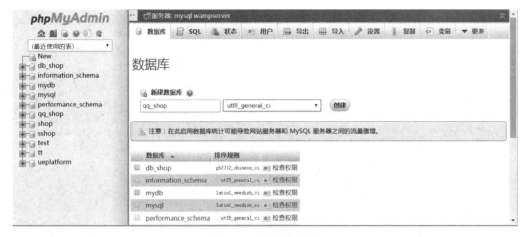

图 4-34 新建数据库

（2）导入数据库。单击数据库名称 qq_shop，进入到此数据库的管理界面，本书附带了 qq_shop.sql 文件，我们可以选择"导入"功能将数据库导入。如图 4-35 所示，单击"选择文件"按钮，在打开的对话框的"浏览"框中选择 SQL 文件所在的绝对路径。单击"执行"按钮，就可以成功导入。

图 4-35 导入数据库

导入成功后会显示如图 4-36 所示的信息。

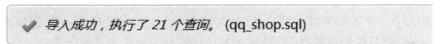

图 4-36 导入成功提示

（3）修改数据库。在数据库的"操作"选项卡下，还可以对数据库进行修改。单击界面的 🔧 **操作** 超链接，进入修改操作页面，可以对当前的数据库重命名，在"Rename database to:"的文本框中输入新的数据库名称，例如 qq_shop_new，如图 4-37 所示。单击"执行"按钮，即可成功修改数据库名称。

图 4-37　修改数据库的效果

（4）删除数据库。要删除某个数据库，首先在左侧的下拉菜单中选择该数据库，然后单击右侧界面中的"删除"超链接，即可成功删除指定的数据库。

3. MySQL 数据类型

数据库本身并不能存储数据，真正的数据存储在表中。使用 MySQL 的命令行创建表，对于初学者来说是比较困难的，而使用 phpMyAdmin 可以把这个过程变得简单。在存储数据时，必须先确定字段类型。MySQL 的字段类型分为 3 种，包括：数值类型、日期和时间类型、字符串类型。而每个类型下，又分小类，这些小类的长度各有差别，下面列出 MySQL 的字段类型，以及占用的字节数。

1）数值类型

数值类型用于存储各种数字数据，如价格、年龄或者数量。数字列类型主要分为两种：整数型和浮点型。所有的数字列类型都允许有两个选项：UNSIGNED 和 ZEROFILL。选择 UNSIGNED 的列不允许有负数，选择了 ZEROFILL 的列会为数值添加零。下面是 MySQL 中可用的数字列类型：

● TINYINT——一个微小的整数，支持 -128 到 127（SIGNED）和 0 到 255（UNSIGNED），需要 1 字节存储。

● BIT——同 TINYINT(1)。

● BOOL——同 TINYINT(1)。

● SMALLINT——一个小整数，支持 -32768 到 32767（SIGNED）和 0 到 65535（UNSIGNED），需要 2 字节存储 MEDIUMINT——一个中等整数，支持 -8388608 到 8388607（SIGNED）和 0 到 16777215（UNSIGNED），需要 3 字节存储。

● INT——一个整数，支持 -2147493648 到 2147493647（SIGNED）和 0 到 4294967295

（UNSIGNED），需要 4 字节存储。

- INTEGER——同 INT。
- BIGINT——一个大整数，支持-9223372036854775808 到 9223372036854775807（SIGNED）和 0 到 18446744073709551615（UNSIGNED），需要 8 字节存储。
- FLOAT(precision)——一个浮点数。precision<=24 用于单精度浮点数；precision 在 25 和 53 之间，用于双精度浮点数。FLOAT(X)与 FLOAT 和 DOUBLE 类型有相同的范围，但是没有定义显示尺寸和小数位数。在 MySQL3.23 之前的版本中，这不是一个真的浮点值，且总是有两位小数。MySQL 中的所有计算都用双精度浮点数，所以这会带来一些意想不到的问题。
- FLOAT——一个小的菜单精度浮点数。支持-3.402823466E+38 到-1.175494351E-38 和 0 和 1.175494351E-38 到 3.402823466E+38，需要 4 字节存储。如果是 UNSIGNED，正数的范围保持不变，但负数是不允许的。
- DOUBLE——一个双精度浮点数。支持-1.7976931348623157E+308 到-2.2250738585072014E-308、0 和 2.2250738585072014E-308 到 1.7976931348623157E+308。如果是 FLOAT，UNSIGNED 不会改变正数范围，但负数是不允许的。
- REAL——同 DOUBLE。
- DECIMAL——将一个数像字符串那样存储，每个字符占 1 字节。
- NUMERIC——同 DECIMAL。

2）字符串类型

字符串类型用于存储任何类型的字符数据，如名字、地址或者报纸文章。下面是 MySQL 中可用的字符串类型。

- CHAR——字符。固定长度的字符串，在右边补齐空格，达到指定的长度。支持从 0 到 155 个字符。搜索值时，后缀的空格将被删除。
- VARCHAR——可变长的字符。一个可变长度的字符串，其中的后缀空格在存储时被删除。支持从 0 到 255 字符。
- TINYBLOB——微小的二进制对象（0.25KB），支持 255 个字符。需要"长度+1"字节的存储。与 TINYTEXT 一样，只不过其搜索时是区分大小写的。
- TINYTEXT——支持 255 个字符（0.25KB），要求"长度+1"字节的存储。与 TINYBLOB 一样，只不过其搜索时会忽略大小写。
- BLOB——二进制对象（64KB），支持 65535 个字符。需要"长度+2"字节的存储。
- TEXT——支持 65535 个字符（64KB）。要求"长度+2"字节的存储。
- MEDIUMBLOB——中等大小的二进制对象（16MB），支持 16777215 个字符。需要"长度+3"字节的存储。
- MEDIUMTEXT——支持 16777215 个字符（16MB）。需要"长度+3"字节的存储。
- LONGBLOB——大的二进制对象（4GB）。支持 4294967295 个字符。需要"长度+4"字节的存储。
- LONGTEXT——支持 4294967295 个字符（4GB）。需要"长度+4"字节的存储。
- ENUM——枚举。只能有一个指定的值，即 NULL 或""，最大有 65535 个值。

● SET——一个集合，可以有 0 到 64 个值，均来自指定清单。

3）日期和时间类型

日期和时间类型用于处理时间数据，可以存储当日的时间或出生日期这样的数据。格式规定为：Y 表示年、M（前 M）表示月、D 表示日、H 表示小时、M（后 M）表示分钟、S 表示秒。下面是 MySQL 中可用的日期和时间类型。

● DATETIME——格 式 为：YYYY-MM-DD HH:MM:SS，范 围 为：1000-01-01 00:00:00 到 9999-12-31 23:59:59。

● DATE——格式为：YYYY-MM-DD，范围为：1000-01-01 到 9999-12-31。

● TIMESTAMP——格 式 为：YYYYMMDDHHMMSS、YYMMDDHHMMSS、YYYYMMDD 和 YYMMDD，范围为：1970-01-01 00:00:00 到 2037-01-01 00:00:00。

● TIME——格式为：HH:MM:SS。

● YEAR——格式为：YYYY，范围为：1901 到 2155。

4. 创建数据表

了解了 MySQL 的字段类型之后，使用 phpMyAdmin 创建表的过程很简单，在本小节中将创建用于存储用户信息的 tb_user 表。用户表包括自增 ID、用户昵称、密码、冻结状态、电子邮件、身份证号、电话、QQ、密码提示、提示答案、地址、邮编、注册时间、真实姓名、密码。根据 MySQL 的数据类型，可以把这些用户信息的字段与数据类型相对应，具体的数据类型和精度范围见有关数据库的设计内容，创建表具体操作步骤如下：

（1）进入 phpMyAdmin 的管理界面，在导航栏中找到并单击"qq_shop"数据库，此时数据库中还没有创建任何一张表，选择"新建数据表"功能，填写数据表的名称"tb_type"，用户表"字段数"为 3 个字段，如图 4-38 所示。

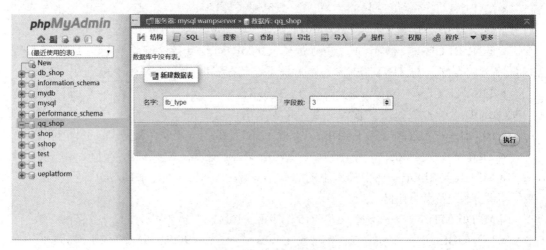

图 4-38　创建数据表

（2）执行之后，进入表名、字段等创建表的管理界面，输入完表结构信息后单击"保存"按钮即可创建新表，如图 4-39 所示。

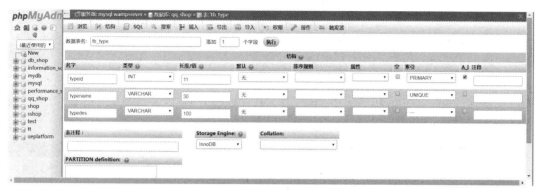

图 4-39 创建表中的字段

（3）表创建成功之后，可在当前数据库的查询界面看到已经创建的表的信息，如图 4-40 所示。

图 4-40 显示表结构信息

5. 修改数据表结构

在新建表过程中，如果表中字段比较多，难免会出现错误，这时需要使用 phpMyAdmin 编辑功能，来修改表中的字段或者添加新的字段。下面介绍具体的方法。

（1）添加字段。进入表管理界面后，默认显示的是表结构，在表结构的下方，如果要添加新的字段，可以填写需要添加的字段个数和字段添加的位置，有 3 种位置可选，即于表结尾、于表开头、于某个字段后。单击"执行"按钮进入到添加字段界面，按需添加，如图 4-41 所示。

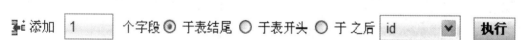

图 4-41 添加字段

（2）修改字段。表结构中每个字段都提供了修改和删除的功能，在要修改的字段后边单击"修改"按钮，进入字段修改界面，即可按需进行修改，如图 4-42 所示。

图 4-42 字段修改界面

6. 插入数据

phpMyAdmin 可以以表单提交的方式向数据库表中插入信息，使用起来非常方便。本例实现向类别表 tb_type 中录入新数据。

进入 phpMyAdmin 的管理界面，从左边的导航列中选择 qq_shop 数据库中的 tb_type 表，单击 tb_type 表的链接进入表的管理界面，默认以列表的方式显示表中的数据，如图 4-43 所示。

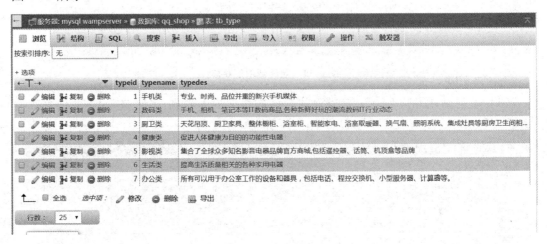

图 4-43　tb_type 管理界面

进入数据表的管理界面后，可通过单击导航功能菜单中的"插入"链接进行数据的插入和添加，如图 4-44 所示。信息输入完毕后，单击"执行"按钮后会提示插入数据成功。

图 4-44　为 tb_type 表插入数据记录

7. 导出数据

在创建了 qq_shop 数据库后，我们介绍了使用导入功能将书中提供的 qq_shop.sql 文件导入到数据库。为了方便数据库中进行数据转移，还可以把数据库中的数据表结构、表记录导出为后缀为 ".sql" 的脚本文件。可以通过生成和执行 MySQL 脚本实现数据库的备份和还原操作。

进入 phpMyAdmin 的管理界面，从左边的导航列中选择 qq_shop 数据库，默认以列表的方式显示数据库中的所有表，如图 4-45 所示。

图 4-45　db_shop 数据库管理界面

单击上方的"导出"链接进入数据库的管理界面，选择"导出"功能，如图 4-46 所示。

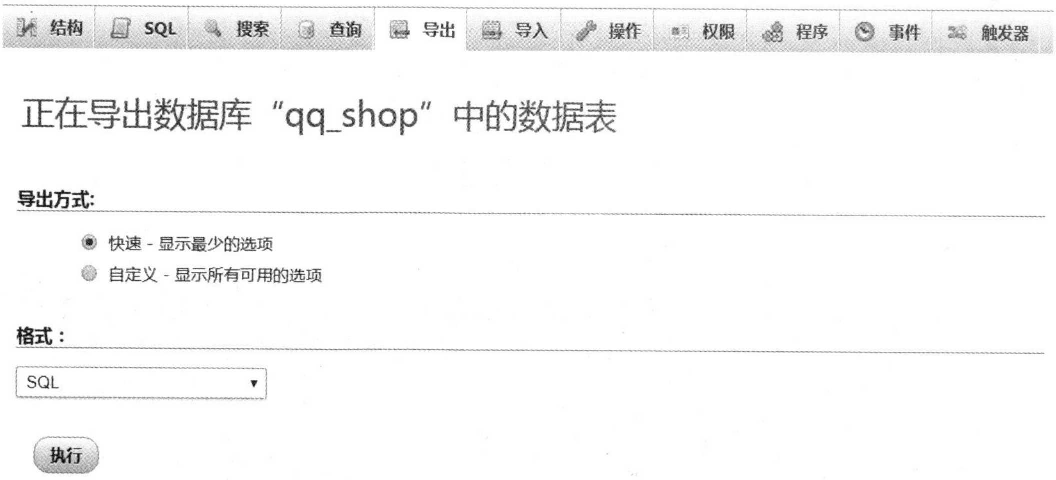

图 4-46　导出数据库

导出的文件详见书中所附的 qq_shop.sql 文件。

任务重现

1. 根据知识点 4.1，利用 MySQL 数据库为 BBS 论坛进行数据库设计。
2. 根据知识点 4.2，利用 phpMyAdmin 为 BBS 论坛创建数据库和表。

任务 5　网上购物系统商品展示模块开发

要想顺利完成动态网站的开发，成为一个 PHP 网页编程高手，掌握其核心技术 PHP 和 MySQL 的数据库操作是非常重要的。一般 PHP 实现对 MySQL 的操作主要包括连接、创建、选择、增添、查询、排序、修改以及删除等。

【知识目标】
- 掌握 PHP 访问 MySQL 数据库的相关函数
- 熟悉 PHP 与 MySQL 数据库的连接的操作流程
- 掌握 PHP 对 MySQL 数据库的操作

【技能目标】
- 熟练掌握利用 PHP 访问 MySQL 数据库的方法
- 熟练掌握利用 PHP 对数据表和记录等进行操作的方法

任务背景

在前面的任务中我们已经完成了 PHP 基础知识的学习，实现了网上购物系统数据库的创建。从本任务开始，我们将具体实现购物系统的各个功能模块。

用户实现在线购物，一般都是通过用户登录——浏览商品——订购——结算等流程来完成的，所以在首页上制作简洁、清晰、详细的商品动态展示区域，是购物系统开发的首要工作。为了让网站更加美观，用户操作方便，本系统在首页上设计了"新品推荐"、"今日爆款"及"种草笔记"3 个显示区域，并实现了商品详细信息、商品分类、商品搜索和商品分页展示等功能。

任务实施

在系统首页 index.php 上设计"新品推荐"和"今日爆款"两个显示区域。利用 PHP 与 MySQL 数据库的操作，按照类别让商品展示在正确的位置。根据具体展示内容实现商品详细信息、商品搜索以及商品分页展示等功能。

当用户登录购物系统后，默认看到的是首页上展示的商品。用户可单击导航栏选择各类超链接进入对应的显示页面查看商品，如图 5-1 所示。

| 首页 | 新首发 | 今日爆款 | 手机类 | 数码类 | 厨卫类 | 健康类 | 影视类 | 生活类 | 办公类 |

图 5-1　导航栏

网上购物系统商品展示模块主要实现商品动态展示、商品详细信息介绍、商品分类显示、商品分页显示和商品搜索等功能，下面我们将对各个功能进行分析和实现。

5.1　子任务一：商品动态展示

任务陈述

为了让用户第一时间找到可能需要的商品，系统首页中主要分为"新品推荐"和"今日爆款"两个显示区域。例如"今日爆款"区域根据对应要求显示最新发布的 9 款商品信息，将商品的图片、名称、品牌、价格展示出来，如图 5-2 所示。

图 5-2　商品展示界面

知识准备

网页和数据库的连接

在实现各功能模块之前，我们必须完成网页和数据库的连接。PHP 支持很多的数据库，但是结合最好的数据库是 MySQL。PHP 与 MySQL 的连接有三种 API 接口，分别是：PHP 的 MySQL 扩展 、PHP 的 mysqli 扩展 、PHP 数据对象（PDO）。

PHP 的 MySQL 扩展是设计开发允许 PHP 应用与 MySQL 数据库交互的早期扩展。由于太旧，又不安全，所以已被后来的 mysqli 完全取代。

PHP 的 mysqli 扩展，我们有时称为 MySQL 增强扩展，可以用于使用 MySQL4.1.3 或更新版本中新的高级特性。其特点为：面向对象接口、prepared 语句支持、多语句执行支持、事务支持、增强的调试能力、嵌入式服务支持、预处理方式完全解决了 SPL 注入的问题。不过其也有缺点，就是只支持 MySQL 数据库。要是你不操作其他的数据库，这无疑是最好的选择。

PDO 是 PHP Data Objects 的缩写，是 PHP 应用中的一个数据库抽象层规范。PDO 提供了一个统一的 API 接口可以使得你的 PHP 应用不去关心具体要连接的数据库服务器系统类型，也就是说，如果你使用 PDO 的 API，可以在任何需要的时候无缝切换数据库服务器，比如从 Oracle 到 MySQL，仅仅需要修改很少的 PHP 代码。其功能类似于

JDBC、ODBC、DBI 之类接口。同样，其也解决了 SQL 注入问题，有很好的安全性。不过它也有缺点，某些多语句执行查询不支持。

本书主要利用 PHP 的 mysqli 扩展来学习 PHP 与数据库的连接操作。PHP 对 MySQL 的操作步骤为：连接 MySQL 服务器及数据库→设置字符集→执行 SQL 语句→SQL 执行结果操作→释放 SQL 结果→关闭 MySQL 数据库。

1. 连接 MySQL 服务器及数据库

在 PHP 网页中创建 MySQL 连接需要通过 mysqli_connect()函数来实现，函数语法格式如下所示：

```
mysqli_connect(host,username,password,dbname,port,socket);
```

函数各参数含义介绍如下。

（1）host：服务器主机所在地址，可以是 IP 地址或域名，当服务器为本机时，主机名是"localhost"或"127.0.0.1"。

（2）username：访问服务器的用户名。

（3）password：服务器用户对应密码。

（4）dbname：使用的数据库。

（5）port：连接到 MySQL 服务器的端口号。

（6）socket：socket 或要使用的已命名 pipe。

函数连接数据库成功后会返回一个连接资源的标识符，简单来说仅需一行指令即可：

```
$link = mysqli_connect('服务器位置','服务器账号','服务器密码', '数据库名');
```

例如，要连接本机 MySQL 数据库，数据库账号为 root，数据库密码为 123456，则连接指令如下：

```
$link=mysqli_connect('localhost','root','123456','qq_shop')
```

这个$link 变量便是通过创建完成的数据库进行连接的，如果执行数据库查询指令，此变量相当重要。

为了避免可能出现的错误（如数据库未启动、连接端口被占用等问题），这个指令最好加上如下的错误处理机制：

```
$link=mysqli_connect('localhost','root','123456','qq_shop')  or  die('
数据库连接失败'.mysqli_connect_error());
```

如果连接失败，会在浏览器上出现"数据库连接失败"字样，以告知用户错误信息。

2. 设置字符集

PHP 在实现网站编程的过程中，经常会出现乱码，通常需要通过以下方式来解决。

（1）PHP 文件本身的编码与网页的编码应匹配。

如果欲使用 GB2312 编码，那么 PHP 输出头为：header("Content-Type: text/html; charset=gb2312")，静态页面添加 <meta http-equiv="Content-Type" content="text/html; charset=gb2312">。如果欲使用 utf-8 编码，那么 PHP 输出头为：header("Content-Type:

text/html; charset=utf-8")，静态页面添加 <meta http-equiv="Content-Type" content="text/html; charset=utf-8">，所有文件的编码格式为 utf-8。

（2）PHP 与数据库的编码应一致。如果 PHP 采用 GB2312 编码那么 MySQL 也要采用 GB2312 编码，同样的如果 PHP 采用 utf-8 编码，那么 MySQL 也要采用 utf-8 编码。这样插入或检索数据时就不会出现乱码。要想在程序中统一修改 MySQL 数据库的编码，可以使用 mysqli_set_charset()函数来实现，函数语法格式如下所示：

```
mysqli_set_charset(connection,charset);
```

该函数将 MySQL 数据库中的字符编码设置为对应的字符集。函数各参数含义如下。
（1）connection: 要使用的 MySQL 连接。
（2）charset: 设置对应字符集。

例如，将系统中 MySQL 数据库字符集设置为 GB2312，指令如下：

```
mysqli_set_charset($link, "gb2312");
```

3. 执行 SQL 语句

PHP 通过 mysqli_query()函数执行 SQL 语句，来实现数据的增、删、改、查等功能。函数语法格式如下：

```
mysqli_query(connection,query);
```

该函数将 SQL 语句发送到当前活动的数据库并执行语句，返回结果。函数各参数含义介绍如下。
（1）connection: 要使用的 MySQL 连接。
（2）query: 一个正确的 SQL 语句。

例如，查看系统中所有商品，指令如下：

```
$query = "SELECT * FROM tb_shangpin";
$result = mysqli_query($link,$query);
```

4. SQL 执行结果操作

（1）mysqli_fetch_array()，返回执行结果中的一行。函数语法格式为：

```
mysqli_fetch_array(result);
```

函数返回执行结果的当前行的数值数组，执行这个函数后，结果指向下一行。数组下标为字段名。函数参数 result 为 mysqli_query()函数返回的标识符。

例如，显示系统中的商品信息，指令如下：

```
$row = mysqli_fetch_array ($result);
```

若想逐行获取数据，则处理执行结果需放在 while 循环中，遍历每一行：

```
while($row = mysqli_fetch_array ($result))
{......}
```

注意：函数可用 mysqli_fetch_row() 代替。这两个函数的不同之处在于 mysqli_fetch_array()函数获取到的数组可以是数字索引的数组也可以是关联数组；mysqli_fetch_row()函数获得的数组只能是数字索引。

（2）mysqli_num_rows()，返回执行结果的记录数。函数语法格式为：

```
mysqli_num_rows(result);
```

函数返回统计记录集的个数，函数参数 query 为 mysqli_query()函数返回的标识符。例如，显示系统中共有多少件商品，指令如下：

```
$num=mysqli_num_rows($result);
```

5. 释放 SQL 结果

完成 SQL 操作后，必须释放所建立的连接资源，以免过多的连接占用造成系统性能的下降。释放资源的函数为 mysqli_free_result()，语法格式如下：

```
mysqli_free_result(result);
```

该函数用于释放 mysqli_query()执行结果占用的内存，该函数很少被调用，除非结果很大，占用太多内存；一般在 PHP 脚本执行结束之后会自动释放占用的内存。

例如，释放之前检索到的结果，指令如下：

```
mysqli_free_result($result);
```

6. 关闭 MySQL 数据库

在 PHP 中与数据库的连接是非持久的，系统一般情况下不需要关闭连接，因为系统会自动地收回。但是如果一次返回的结果集$result 比较大，或者网站的访问量比较大，则需要在使用之后关闭连接。关闭数据库的函数为 mysqli_close()，语法格式如下：

```
mysqli_close(connection);
```

例如，关闭之前连接的$link 连接，指令如下：

```
mysqli_close($link);
```

7. 其他常用数据库操作函数

（1）mysql_fetch_assoc()，获取和显示数据，从结果集中取得一行作为关联数组。

例：`mysqli_fetch_assoc($result)`
说明：相当于调用 `mysqli_fetch_array(resource)`。

（2）mysqli_affected_rows()，返回前一次 MySQL 操作（select、insert、update、replace、delete）所影响的记录行数。

例：`$query = "update MyTable set name='CheneyFu' where id>=5";`
`$result = mysqli_query($link,$query);`
`echo "ID 大于等于 5 的名称被更新了的记录数：".mysqli_affected_rows();`
说明：该函数获取受 insert、update 或 delete 更新语句影响的行数。

（3）mysqli_fetch_all()，获取结果集中的所有数据。例如：

```
mysqli_fetch_all($result);
```

说明：该函数获取结果中的所有数据。

8. 相关函数

（1）字符串截取函数。substr() 函数从字符串的指定位置截取一定长度的字符，函数格式如下：

```
substr(string string,int start [,int length])
```

- string：必需。规定要返回其中一部分的字符串。
- start：必需。规定在字符串的何处开始截取。如果是正数，在字符串的指定位置开始。如果是负数，则从字符串结尾的指定位置开始。如果是 0，则从字符串的第一个字符处开始。
- length：可选。规定要返回的字符串长度。默认可返回的字符直到字符串的结尾。如果是正数，从 start 参数所在的位置返回。如果是负数，则从字符串末端返回。

【例 5-1】Web 开发时为了保持页面的布局，经常需要截取超长字符串，如文章的标题。

代码 5-1　代码截取文章标题

```
<?php
    $str="2018 年第四届全国高校开源及创意大赛的通知";
    if(strlen($str)>20){                     //判断字符串长度是否大于 20 个字符
        echo substr($str,0,20)."...";       //截取 20 个字符
    }else{
        echo $str;
    }
?>
```

程序运行结果：

2018 年第四届全国高校...

（2）统计字符串长度。strlen() 函数用于计算字符串的长度，函数格式如下：

```
strlen(string)
```

- string：必需。规定要检查的字符串。

实施与测试

1. 创建商品展示页面

创建购物系统首页文件"index.php"，同时也是商品动态展示模块的页面。

2. 商品展示页面分析

商品动态展示主要是对数据库中商品表（tb_shangpin）进行操作。"新品推荐"和"今日爆款"程序的实现方法基本类似，主要区别是在查询商品时，SQL 查询语句中条件不一样。

1）今日爆款

在商品表中有一个是否推荐字段（recommend），推荐商品显示时就是根据此字段的值（0 或 1）来控制商品的显示信息的，字段值为 1 显示，为 0 则不显示。商品最多显示 9 条信息，并通过 limit 命令控制显示条数。SQL 查询语句代码如下：

```
select * from tb_shangpin where recommend=1 limit 0,9
```

2）新品推荐

新品推荐显示，在商品表中有一个是否新品推荐字段（newEA），SQL 查询语句条件根据此字段的字段值来决定商品的显示信息，该字段值为 1 显示，为 0 则不显示，并通过 limit 命令最多显示 9 条信息。SQL 查询语句代码如下：

```
select * from tb_shangpin where newEA=1 limit 0,9
```

3. 商品展示页面程序

在创建的"index.php"页面中插入 PHP 程序代码。这里介绍"今日爆款"区域的代码实现方法，代码 5-2 如下：

代码 5-2　商品动态展示-"推荐商品"程序代码段

```php
<h3>今日爆款</h3>
<ul>
<?php
    $link=mysqli_connect('localhost','root','','qq_shop') or die('数据
库连接失败'.mysqli_connect_error());                //连接数据库服务器
    mysqli_set_charset($link, "gb2312");             //设置数据库字符集为
GB2312
    $query="select * from tb_shangpin where recommend=1 limit 0,9";
    $result=mysqli_query($link,$query);              //执行SQL语句
while($row=mysqli_fetch_array($result)){             //循环输出获得的记录
 ?>
    <li><a href="#"> <img src="admin/<?php echo $row['photo']; ?>"
width="50" height="50"  /></a>
        <h5><span>商品名称: </span><a href="#">
<?php
        if(strlen($row['EAname'])>=7){
            echo substr($row['EAname'],0,7);
        }else{
            echo $row['EAname'];
```

```
    }
    ?></a>
  </h5>
  <p>品牌：<span><?php echo $row['brand']; ?></span></p>
  <p>价 格 :<span> ￥ <?php  echo  number_format($row['refprice'],
2);?></span></p>
  </li>
<?php
  }
  mysqli_close($link);
?>
</ul>
```

5.2　子任务二：商品详细信息介绍

任务陈述

商品详细信息页面显示商品的所有详细信息，包括商品名称、原价、VIP 价、图片、品牌、产地以及商品详情等。在细节的下方还加入了"加入购物车"链接，为用户提供订购功能，如图 5-3 所示。

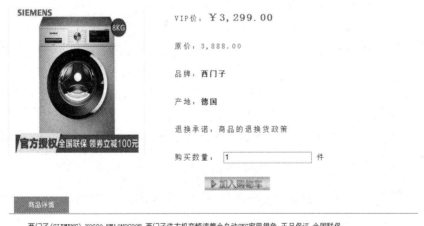

西门子(SIEMENS) XQG80-WM10N2C80W 西门子洗衣机变频滚筒全自动8KG家用银色 正品保证 全国联保

图 5-3　商品详细信息界面

知识准备

URL 传值

PHP 网站开发经常需要在两个页面中传递值。在任务 3 中我们已经介绍了利用 POST 和 GET 两种方法来传递表单中的数据。但有时变量并不在表单中，或者只需要传递某个变量时，我们就需要用到 URL 来传值了。

1. 传递

URL 传值，即通过网址来传递值。在网址后加入要传递的变量即可，格式如下：

网址?参数名 1=参数值 1&参数名 2=参数值 2&……

例如，在首页中单击商品后需要把该商品 ID 和品牌（brand）传入商品详细信息页面，指令如下：

```
details.php?id=6&brand=德国;
```

2. 接收

通过 URL 方法来传递参数，在被请求的页面中必须用 PHP 中的$_GET 全局变量来接收，格式如下：

```
$_GET["参数"]
```

例如，接收上面传递的参数，在 details.php 页面写入指令如下：

```
$_GET["id"];                //获取商品 ID 号
$_GET["brand"];             //获取商品品牌
```

实施与测试

1. 创建商品详细介绍页面

创建商品详细信息页面"details.php"。

2. 单个商品展示分析

用户通过在首页或其他商品展示页面选择商品，单击商品后转到商品详情页面。在单击时，通过 URL 把被选商品的 ID 值传到商品详情页面。利用 SQL 语句查找到此 ID 商品，并显示所有商品信息。

在首页 index.php 中，每个商品"详细"按钮超链接中插入 ID 传递代码，代码如下：

```
<a href="details.php?id=<?php echo $row['eaid'];?>"> </a>
```

在商品详情页面 details.php 中，首先接收上一个页面传递的 ID 参数，代码如下：

```
$id=$_GET['id'];
```

3. 商品详情页面程序

在创建的"details.php"页面中插入 PHP 程序代码，代码如下：

代码 5-3　商品详细信息程序代码段

```php
<?php
    $link=mysqli_connect('localhost','root','','qq_shop') or die('数据
库连接失败'.mysqli_connect_error());                //连接数据库服务器
```

```php
    mysqli_set_charset($link, "gb2312");        //设置数据库字符集为gb2312
    $id=$_GET['id'];
    $result=mysqli_query($link,"select*from tb_shangpin where eaid=$id");
    $row=mysqli_fetch_array($result);
?>
```

```html
<div id="rleft"><img class="img1"src="admin/<?php echo $row['photo'];?>"
/></div>
<div id="rright">
    <p class="p2">VIP价: <span>￥<?php echo number_format($row['vipprice'],
2); ?></span></p>
    <p class="p3">原价:<?php echo number_format($row['refprice'],2); ?> </p>
    <p class="p4">品牌:<strong><?php echo $row['brand']; ?></strong></p>
    <p class="p5">产地:<strong><?php echo $row['place']; ?></strong></p>
    <p>退换承诺：商品的退换货政策</p>
    <form id="form1" name="form1" method="post" action="addgouwuche.php?
id=<?php echo $id;?>">
        <p>购买数量:<input name="" type="text"  width="50"  value="1"/>
件</p>
        <input  type="submit"style="background:url(images/images.jpg);width:
120px; height:24px; border:0px; margin-left:100px;" value=""/>
    </form>
</div>
<div id="rfooter">
    <ul>
        <li><a href="#">商品详情</a></li>
    </ul>
    <p><?php echo $row['introduction']; ?></p>
</div>
```

5.3　子任务三：商品分类显示

任务陈述

当单击某个商品类别时，显示该类别的商品，如图 5-4 所示。

图 5-4　商品分类界面

知识准备

包含文件

在我们实际的生产工作中，当构建一个较大的系统时，总有一些内容是需要重复使用的，如一些常用的函数，或者一些公共 HTML 元素如菜单、页脚等。我们可以把这些公共的内容集中写入一些文件内，然后再根据具体情况，在需要的地方将其包含进来，这样可以节约大量的开发时间，使代码文件统一简洁，以利于更好地维护。

include() 和 require() 语句都可用于这种文件的包含。下面的例子演示包含文件的用法。

创建一个 file.php 文件，代码如下：

```php
<?php
    $word="你好!";
?>
```

然后在另外的文件如 test.php 中包含它（两个文件在同一目录），代码如下：

```php
<?php
    echo"包含内容为:".$word."<br />";
    include("file.php");
    echo"包含内容为:".$word;
?>
```

运行 test.php 输出如下。

包含内容为:

包含内容为：你好！

从上面的例子可以看出，包含文件，可以理解为将被包含的文件用于替换 include() 语句部分。在包含了文件之后，被包含文件的内容便成为了当前文件的一部分，被包含的内容也开始生效。

require()语句也可用于文件的包含，在使用上等同于 include()。但二者也有一些细微差别，可以视实际情况采用 include()还是 require()。它们的区别如下：

（1）当包含的文件不存在时（包含发生错误），如果使用 require()，则程序立刻停止执行，而使用 include()的话，系统除了提示错误，下面的程序内容还会继续执行。大多情况下推荐使用 require()函数，以避免在错误引用发生后的程序继续执行。

（2）不管 require()语句是否执行，程序执行包含文件都被加入进来，include()只有执行的时候文件才会被包含。所以如果是在有条件判断的情况下，用 include()显然更合适。

（3）多次使用 require()引用时，只执行一次对被引用文件的引用动作，而 include()则每次都要进行读取和评估引用文件。

在 PHP 项目创建时，我们通常要把数据库连接的操作代码写到一个公共文件中，这样网站其他页面需要连接数据库时，只需包含此文件即可，不需重复编写连接代码。一般将数据库连接的程序代码文件命名为conn.php，并将其存放在conn公共文件夹下。数据库连接代码 5-4 如下：

代码 5-4：数据库连接

```php
<?php
    $link=mysqli_connect('localhost','root','','qq_shop') or die('数据库
连接失败'.mysqli_connect_error());
    mysqli_set_charset($link, "gb2312");
?>
```

其他页面连接数据库时，只需在页面中写入代码"require("conn/conn.php");"即可。

实施与测试

1. 商品分类界面

创建商品分类界面"type.php"，完成静态页面的设计效果。

2. 商品分类分析

商品类别显示，需要在数据库表 tb_type 中查找，并在导航中显示，如 SQL 语句：

```
select * from tb_type order by typeid desc
```

当单击某类商品后，该商品类别ID号会传到"type.php"页面。页面接收该类别ID号，在数据库表 tb_shangpin 中查找字段"typeid"与类别 ID 号相符的商品。

3. 商品分类代码

商品分类的功能主要代码 5-5 如下：

代码 5-5　商品分类主要代码段

```php
<?php
    require ("conn/conn.php");
    $rs=mysqli_query($link,"select*from tb_shangpin where typeid=$id");
    $result=mysqli_query($link,$rs);
    while($row=mysqli_fetch_array($result)){
?>
    <div class="thumbnail-primary">
        <a href="details.php?id=<?php echo $row['eaid']; ?>">
            <img src="admin/<?php echo $row['photo']; ?>" />
        </a>
        <h3>￥<?php echo $row['vipprice']; ?></h3>
        <h4><?php echo $row['EAname']; ?></h4>
    </div>
<?php
}
    mysqli_close($link);
?>
```

5.4　子任务四：商品分页显示

任务陈述

如果搜索到需要显示多条商品信息，就可能需要用到商品分页显示功能。购物系统中很多页面都需要进行分页。例如，"我的订单"、"新首发"和"手机类"等页面。当页面中显示的商品记录到达上限时，其他商品就需要换页显示，在页面的底部列出总页数、当前页数、首页、上一页、下一页和尾页等链接功能，如图 5-5 所示。

图 5-5　推荐产品页面分页显示

知识准备

分页显示

所谓分页显示，也就是将数据库中的结果集分成一段一段地来显示。分页程序有两个非常重要的参数：每页显示几条记录（$ pagesize）和当前是第几页（$ currentpage）。有了这两个参数就可以很方便地写出分页程序。看看下面一组 SQL 语句，尝试发现其中的规律：

选择前 10 条记录：select * from table limit 0,10

选择第 11 至 20 条记录：select * from table limit 10,10

选择第 21 至 30 条记录：select * from table limit 20,10

从上面的 SQL 语句可以发现，通过 limit 关键字可以控制显示记录条数。当每页显示 10 条，那么第一个变量每翻一页增加 10，第二个变量为每页显示条数，固定不变。

在 MySQL 中如果要想取出表内某段特定内容可以使用 SQL 语句 "select * from table limit offset,rows" 来实现。这里的 offset 表示记录偏移量，它的计算方法是 offset= $currentpage *($pagesize-1)，rows 表示要显示的记录条数，这里就是$pagesize。我们可以总结出这样一个模板：

```
select * from table limit ($currentpage - 1) * $pagesize, $pagesize
```

实施与测试

1. 创建手机类分页界面

创建要进行分页的手机类页面"type.php"文件。

2. 手机类页面代码

在创建的"type.php"页面中插入 PHP 代码，代码如下：

代码 5-6 推荐产品分页显示程序代码段

```php
<?php
    require ("conn/conn.php");
    //分页效果
    $rs=mysqli_query($link,"select * from tb_shangpin where typeid=$id");
    $total=mysqli_num_rows($rs);                //总记录数
    $pagesize=8;                                //每页显示记录数
    if($total%$pagesize==0){                    //求一共有多少页
        $numofpage=(int)($total/$pagesize);
    }else{
        $numofpage=(int)($total/$pagesize)+1;
    }
    if(isset($_GET['page'])){                   //获得当前第几页
```

```php
        $currentpage=$_GET['page'];
    }else{
        $currentpage=1;
    }
    //获取当前文件名
    $url=$_SERVER['PHP_SELF'];
    $filename=substr($url,strrpos($url,'/')+1);
    //数据显示
    $start=($currentpage-1)*$pagesize;          //当前页从哪条记录开始显示
    $query="select*from tb_shangpin where typeid=$id limit $start,
$pagesize";
    $result=mysqli_query($link,$query);
    while($row=mysqli_fetch_array($result)){
?>
    <div class="thumbnail-primary">
        <a href="details.php?id=<?php echo $row['eaid']; ?>">
            <img src="admin/<?php echo $row['photo']; ?>" />
        </a>
        <h3>￥<?php echo $row['vipprice']; ?></h3>
        <h4><?php echo $row['EAname']; ?></h4>
    </div>
 <?php
    }
    mysqli_close($link);
    ?>
    </div>
    <div id="fenye"><p>本站共<?php echo $total; ?>条记录 共<?php
echo $currentpage; ?>/<?php echo $numofpage; ?>页
        <?php
        if($numofpage>1&&$currentpage>1){
            echo'<a href="'.$filename.'?page=1&typeid='.$id.'">首页
</a>';
            echo'<a href="'.$filename.'?page='.($currentpage-1).'&typeid='.
$id.'">上一页</a> ';
        }
        if($numofpage>1&&$currentpage<$numofpage){
            echo'<a href="'.$filename.'?page='.($currentpage+1).'&typeid='.
$id.'">下一页</a> ';
            echo '<a href="'.$filename.'?page='.$numofpage.'&typeid
```

```
='.$id.'">尾页</a>';
    }
?>
```

5.5 子任务五：商品搜索

任务陈述

购物系统中还需要完成搜索功能，当用户选择要搜索的类型，并输入对应商品关键字，就可查询到相关商品，如图 5-6 所示。

图 5-6 搜索框界面

知识准备

在站内进行搜索，主要通过 SQL 语句中 like 关键字实现模糊查询。这里用到两个通配符："%"表示 0 个或多个字符，"_"表示单个字符。

实施与测试

1. 创建搜索界面

在页面的头部 "header.php" 文件里设计一个搜索框。

2. 搜索分析

建立 SQL 搜索的语句，通过商品名称搜索站内商品信息，代码如下：

```
select * from tb_shangpin where EAname like'%$search%'limit $start,
$pagesize
```

3. 搜索页面代码

当单击"搜索"按钮时，所有条件提交到"search.php"页面。该页面主要实现搜索功能。在其中插入 PHP 代码，代码如下：

代码 5-7 搜索功能代码段

```php
<?php
    require ("conn/conn.php");
    $sousuo=$_GET['sousuo'];                    //搜索类型
    $search=$_GET['search'];                    //搜索的商品关键字
    //分页效果
    $rs=mysqli_query($link,"select * from tb_shangpin where $sousuo
like '%$search%'");
```

```php
$total=mysqli_num_rows($rs);
$pagesize=8;
if($total%$pagesize==0){
    $numofpage=(int)($total/$pagesize);
}else{
    $numofpage=(int)($total/$pagesize)+1;
}
if(isset($_GET['page'])){
    $currentpage=$_GET['page'];
}else{
    $currentpage=1;
}
//获取当前文件名
$url=$_SERVER['PHP_SELF'];
$filename=substr($url,strrpos($url,'/')+1);
//数据显示
$start=($currentpage-1)*$pagesize;
$query="select * from tb_shangpin where $sousuo like '%$search%'
limit $start,$pagesize";
$result=mysqli_query($link,$query);
while($row=mysqli_fetch_array($result)){
?>
    <div class="thumbnail-primary">
        <a href="details.php?id=<?php echo $row['eaid']; ?>">
            <img src="admin/<?php echo $row['photo']; ?>" />
        </a>
        <h3>¥<?php echo $row['vipprice']; ?></h3>
        <h4><?php echo $row['EAname']; ?></h4>
    </div>
<?php
    }
    mysqli_close($link);
?>
```

任务拓展

1. 其他商品展示分页页面实现

完成"新首发"、"今日爆款"、"数码类"和"厨卫类"等页面，实现包括相关商品显示及分页功能。

2. "新品推荐"和"种草笔记"功能实现

完成"新闻公告"和"种草笔记"功能。

任务重现

根据代码 5-1~代码 5-6，完成 BBS 论坛的搜索主题、讨论主题内容显示、主题内容分类等功能。

任务6 网上购物系统用户管理模块开发

学习目标

用户注册和登录是每个网站开发人员所必须掌握的技术之一。通过本任务的学习，不仅可以掌握开发网站注册和登录模块的流程，而且还可以在此基础上进行扩展，开发出符合自己要求的用户注册和登录模块。

【知识目标】
- 掌握产生随机数函数和图像函数
- 掌握 Cookie 和 Session 的使用

【技能目标】
- 掌握制作图像验证码的方法
- 掌握制作注册与登录页面的流程

任务背景

用户注册和登录在任何一个网站中都具有很重要的位置。通过用户注册模块，网站管理员可以获取用户的详细信息并且能定位不同的用户，而用户可以通过此方式参与网站的各项活动。因此，用户注册模块为用户、网站管理员及网站之间建立了沟通的桥梁。

任务实施

用户注册模块包括用户信息的录入、用户录入信息的验证、用户录入信息的提交和保存。用户登录模块包括用户登录信息的录入表单、防止用户非法登录的验证码模块和用户登录信息的验证模块。在此任务的学习中，学生可掌握相关函数的使用及方法。下面来对功能进行分析和实现。

6.1 子任务一：制作图像验证码

任务陈述

在用户注册网站时，为了防止通过恶意程序采用试探的方式破解用户密码，采用了验证码功能，这样做可以提高网站的安全性，在实际应用中验证码通常采用的是字母和数字的组合，并且有一个干扰背景图像。

知识准备

6.1.1 生成四位随机数函数——mt_rand()函数

图像验证码中需要产生一位随机数，此功能是由 mt_rand()函数完成的，其语法格式如下：

```
int mt_rand([int min], [int max]);
```

如果没有提供可选参数 min 和 max，mt_rand()返回 0 到 mt_getrandmax()之间的伪随机数。例如，想要 5 到 15（包括 5 和 15）之间的随机数，用 mt_rand(5,15)。

【例 6-1】输出 26 个字母和数字中的一组（四位）随机数，代码如下：

代码 6-1 生成一组随机数

```php
<?php
    $num=";                        //初始化变量$num
    $str="abcdefghijklmnopqrstuvwxyz0123456789"; //随机数的选取范围
    for($i=0;$i<4;$i++){            //每次循环取一位随机数，共循环 4 次
        $num.=substr($str,mt_rand(0,35),1);//每次取一位，位置随机
    }
    echo $num;
?>
```

6.1.2 图像函数

PHP 提供了近百个图像函数，可以用来创建和操作多种不同格式的图像文件。要在 PHP 中进行图像处理，必须在编译 PHP 时加载图像函数的 GD 库。加载 GD 库的方法很简单，只需要将 PHP 配置文件 php.ini 中的 ";extension=php_gd2.dll" 前的分号去掉。

1. 创建图像函数

imagecreate()函数用于创建一个空白图像，并返回一个图像标志。其语法如下：

```
resource imagecreate(int x_size,int y_size)
```

该函数参数说明如下。

- x_size：必选参数，用于指定所创建图像的宽度。
- y_size：必选参数，用于指定所创建图像的高度。

2. 分配颜色函数

使用 imagecreate()函数创建的图像是一个空白图像，需要使用 imagecolorallocate()函数为其设置背景色和内容颜色，并返回一个颜色标志。其语法如下：

```
int imagecolorallocate(resource image,int red,int green,int blue)
```

该函数参数说明如下。

- image：必选参数，imagecreate()函数返回的图像标志。

● red、green、blue：必选参数，用于指定三基色原理中红色、绿色、蓝色成分，这些参数的取值范围是 0～255。

3. 向图像写入文本函数

（1）使用 imagechar()函数可以沿水平方向向图像写入一个字符。其语法如下：

```
bool imagechar(resource image,int font,int x,int y,string c,int color)
```

该函数参数说明如下。

● image：必选参数。imagecreate()函数返回的图像标志。

● font：参数值为 1，2，3，4，5，表示使用内置的字体，数字越大，字体越大。

● x,y：表示写入文本距左上角的距离。

● c：表示写入的字符。

● color：用于写入字符的颜色。

（2）使用 imagestring()函数可以沿水平方向在图像中写入一行字符。其语法如下：

```
bool imagestring(resource image, int font, int x, int y, string s, int
col)
```

函数参数 s 表示要写入的字符串，其余参数的意思同 imagechar()函数。

4. 输出图像函数

若要以某种格式将一个图像输出到客户端浏览器上，首先需要通过 header()函数设置输出图像文件的 MIME 类型。设置文件类型代码如下：

```
header("content-type：image/gif");//设置输出图像文件为 GIF 类型
header("content-type：image/jpeg");//设置输出图像文件为 JPEG 类型
header("content-type：image/png");//设置输出图像文件为 PNG 类型
```

根据设置的文件类型不同，需要使用相应的函数将图像输出到浏览器。使用 imagegif()函数可以生成 GIF 格式的图像并将图像输出到浏览器，函数语法格式如下：

```
bool imagesetpixel(resource image[, string filename])
```

该函数的参数说明如下。

● image: imagecreate()函数返回的图像标志。

● filename：可选参数，用于指定要保存的图像文件名。

实施与测试

利用图像函数产生一个包含字母和数字的 4 位随机数的图像验证码，代码如下：

代码 6-2　制作产生 4 位随机数的图像验证码

```php
<?php
    session_start();          //session 技术在本子任务二中做讲解
    $num=";
    $str="abcdefghijklmnopqrstuvwxyz0123456789";
```

```
for($i=0;$i<4;$i++){
    $num.=substr($str,mt_rand(0,35),1);
}
$_SESSION['yzm']=$num;  //将验证码数字放入 session 中
$img=imagecreate(60,20);//创建一个 60*20 的图像
$white=imagecolorallocate($img,255,255,255);//设置图像背景颜色为白色
$blue=imagecolorallocate($img,0,0,255);//获取蓝色
//将多个颜色不同的*号添加到图像中，制作干扰背景
for($i=1;$i<200;$i++){
    $strx=mt_rand(1,60-9);
    $stry=mt_rand(1,20-6);
        $color=imagecolorallocate($img,mt_rand(200,255),mt_rand
            (200,255), mt_rand(200,255));
    imagechar($img,1,$strx,$stry,'*',$color);
}
//将 4 位随机数添加到图像中，添加的位置不固定
$strx=mt_rand(3,8);
for($i=0;$i<4;$i++){
    $stry=mt_rand(1,6);
    imagechar($img,5,$strx,$stry,substr($num,$i,1),$blue);
    $strx+=mt_rand(8,13);
}
ob_clean();//清空输出缓存区
//输出图像
header("Content-type:image/gif");
imagegif($img);
?>
```

程序运行结果：

6.2　子任务二：用户注册页面制作

任务陈述

用户注册页面实现的是将用户注册时填写的信息验证后插入到数据库用户表中。在用户注册过程中，需要添加一个验证码，以防止恶意程序在网站注册用户。

知识准备

6.2.1 Cookie 技术

在现实生活中，当顾客购物时商城经常会推出会员卡服务，卡上记录的是个人信息。顾客一旦接受了会员卡，以后每次去该商城时都可以使用这张卡，商城也会根据会员卡上的消费记录计算会员的优惠额度和累加积分。在 Web 系统中，Cookie 的功能类似于这张会员卡，当用户通过浏览器访问 Web 服务器时，服务器会给用户发送一些信息，这些信息都保存在 Cookie 中。这样，当该浏览器再次访问服务器时，都会在请求头中将 Cookie 发送给服务器，方便服务器对浏览器做出正确的响应。

1. 创建 Cookie

在 PHP 中通过 setcookie()函数创建 Cookie，语法格式如下：

```
bool setcookie(string $name[,string $value[,int $expire=0[,string
$path[,string $domain[,bool $secure]]]]])
```

该函数的参数说明如下。
- $name：Cookie 的变量名。
- $value：Cookie 变量的值，该值保存在客户端，不能用来保存敏感数据。
- $expire：Cookie 的失效时间，expire 是标准的 UNIX 时间标记，可以用 time()函数或 mktime()函数获取，单位为秒。
- $path：Cookie 在服务端的有效路径。
- $domain：Cookie 有效的域名。
- $secure：指明 Cookie 是否仅通过安全的 HTTPS 连接来传输，值为 0 或 1。

【例 6-2】在一个页面创建 Cookie 变量 name，其值为 username，并设置 Cookie 有效期为 1 小时，在服务器的有效目录是/tmp/，有效域名为 test.com 及所有子域名，且只有在 https 连接上有效。其代码为：

```
setcookie('name', 'username',time()+3600, '/tmp/', 'test.com',1);
```

2. 读取 Cookie

当用户通过浏览器访问 Web 服务器时，服务器会给用户发送一些信息，这些信息很多都会保存在 Cookie 中。要想获取 Cookie 中的信息，可以使用全局数组$_COOKIE[]来读取。例如，在另一个页面可以访问 Cookie 的值，其代码为"$username = $_COOKIE['name']; "。

3. 删除 Cookie

把 Cookie 的值设为空或有效期设为小于当前时间的值，即删除了 Cookie，例如代码"setCookie("name","",time()-1); "。

6.2.2 Session 介绍

Session 技术与 Cookie 类似，都可以用来存储访问者的信息，但最大不同在于 Cookie 是将信息存放在客户端，而 Session 是将数据存放于服务器中。Session 可以称为客户端与服务器的会话期，从客户端输入网站的网址开始访问到关闭浏览器结束访问，经过的这段时间就可以称为一个 Session，它是一个特定的时间概念。

6.2.1 节中把 Cookie 比喻成第一次去商场时为你提供的会员卡，并由用户自己保存，如果用户会员卡丢失了就不能以会员身份购物。如果在办理会员卡时，把会员卡保存在商场，下次购物时只提供卡号就可以了。Session 就是这样处理的，在服务器端保存 Session 变量的名和值，同时在客户端保存由服务器创建的一个 Session 标识符（SessionID）。当用户再次访问服务器时，就会把 SessionID 发送给服务器，根据 SessionID 就可以提取保存在服务器端的 Session 变量的值。

Session 变量是以文件的形式保存在服务器端的，文件中保存 Session 的变量名和值，PHP 配置文件 php.ini 的 session.save_path 选项用于设定保存的位置。

1. 启动 Session 会话

在 PHP 中，使用 session_start()函数启动一个会话，其语法格式如下：

```
bool session_start(void)
```

函数返回一个布尔值，使用该函数的原则是，在使用该函数之前不能向浏览器输出任何内容。

2. 使用会话变量存储与读取信息

一旦启动会话，就可以利用全局数组$_SESSION[]来存储会话或者读取信息。

【例 6-3】

代码 6-3　跨页面访问 Session 会话变量

```php
<?php
    session_start();                    //启动 session 会话
    $_SESSION['name'] = 'gpc';          //将用户名保存在会话变量中
?>
```

运行完上面代码后便可以在其他页面调用此 session 变量，代码如下：

```php
<?php
    session_start();                    //启动 session 会话
    echo $_SESSION[ 'name' ];           //输出用户名
?>
```

3. 注销 Session 会话变量

使用 unset()函数可以销毁单个 Session 变量，例如：unset($_SESSION['name'])，通过$_SESSION=array()可以一次性销毁所有会话变量。

使用 session_destroy()函数可以结束当前会话，并清空会话中的所有资源，但不会释放和当前 Session 相关的变量，也不会删除保存在客户端的 SessionID，SessionID 的删除要借助 setcookie()函数实现。

Session 的注销过程需要四步。

【例 6-4】

代码 6-4　Session 的注销

```php
<?php
    session_start();                        //1.启动 Session 会话
```

```
    $_SESSION = array();                    //2.删除所有 Session 变量
    if(isset($_COOKIE[session_name()])){
        setcookie(session_name(),'',time()-360, '/');
                                             //3.删除 SessionID
    }
    session_destroy();                      //4.最后彻底销毁 Session
?>
```

实施与测试

用户注册功能通过用户注册页面（register.php）和添加注册（addregsiter.php）两个程序页面实现。注册页面主要用于收集用户信息，添加注册页面则负责将用户信息添加到数据库中。

在注册页面当用户单击"注册"按钮时，将触发 JS 的 onsubmit 事件，调用数据验证程序，如通过验证，那么将用户填写的信息提交至同目录的 addregsiter.php 文件中。

代码 6-5　添加注册页面（addregsiter.php）代码

```php
<?php
    session_start();                        //启动 Session 会话
    include "include/conn.php";             //连接数据库
    //接收用户信息
    $yhm=$_POST['yhm'];    $dlmm=$_POST['dlmm'];$qrmm=$_POST['qrmm'];
    $lxdh=$_POST['lxdh'];$xydz=$_POST['xydz'];$yhdz=$_POST['yhdz'];
    $yzm=$_POST['yzm'];
    $time=date("Y-m-d",time());
    //检测验证码是否正确
    if($yzm==$_SESSION['yzm']){
        //判断用户名是否存在
        $rs=mysqli_query($link,"select * from tb_user where username=
            '$yhm'");
        if(mysqli_num_rows($rs)>0){
            echo '<script>alert("用户名已存在请重新输入");</script>';
            echo '<script>location.href="regsiter.php";</script>';
        }else{
            $addsql="insert into tb_user
                values('','$yhm','$dlmm','$xydz','$yhdz','$lxdh',
                    '$time')";
            $addrs=mysqli_query($link,$addsql);
            if(mysqli_affected_rows($link)>0){
```

```
                header("location:login.php");
            }else{
                echo '<script>alert("注册失败");</script>';
                echo '<script>location.href="regsiter.php";</script>';
            }
        }
    }else{
        echo '<script>alert("验证码错误");</script>';
        echo '<script>location.href="regsiter.php";</script>';
    }
?>
```

6.3 子任务三：用户登录页面制作

任务陈述

　　用户登录操作需要用户登录（login.php）和登录验证（chklogin.php）两个页面实现，用户登录页面负责用户信息的提交，登录验证页面负责验证用户信息是否正确。

　　用户登录程序有两种实现方案，通过 Session 或者 Cookie 都可以实现登录功能。基于 Cookie 的用户登录可以实现用户登录信息的长期保存。基于 Session 的用户登录安全性高一些，通常当用户关闭浏览器时用户登录信息就失效了。这里采用 Session 方案。

实施与测试

　　登录验证页面（chklogin.php）负责接收用户登录页面（login.php）传过来的用户名和密码信息，然后和数据库中的账户信息进行匹配，匹配正确则登录成功，跳转至首页面（index.php），并且用户登录成功后需要将登录信息保存到 Session 中以供网站中其他页面使用。具体代码如下：

代码 6-6　登录验证页面（chklogin.php）代码

```php
<?php
    session_start(); //启动会话
    include "include/conn.php";//连接数据库
    $yhm=$_POST['yhm']; //接收用户名
    $mm=md5($_POST['mm']);//接收密码，并用 md5 函数加密
    $rs=mysqli_query($link,"select  *  from  tb_user  where  username=
'$yhm'  and  password='$mm'");//将用户名与密码为条件查找表中的数据，查找结果保存
在$rs 中
    if(mysqli_num_rows($rs)>0){     //如果$rs 的记录条数大于 0,则用户名与密码
```

正确

```
        $_SESSION['nowuser']=$yhm;     //把验证正确的用户名保存在 Session
中，以便其他页面调用
        header("location:index.php"); //跳转至首页
    }else{              //用户名与密码不正确
        echo '<script>alert("用户名与密码不正确请重输");</script>';
        echo '<script>location.href="login.php";</script>';
    }
    ?>
```

任务重现

根据代码 6-1～代码 6-3，实现 BBS 论坛的用户注册、用户登录页面等功能。

任务 7　网上购物系统商品订购与

结算模块开发

学习目标

在前面 PHP 的基本语法学习中，已经基本了解了表单的数据处理方法。本任务将利用表单处理来具体实现网上购物系统，以达到熟练掌握结合 PHP 及表单进行数据传递及接收的方法。

【知识目标】

- 熟悉表单中的文本框、复选框、单选按钮、复选按钮及列表等元素的使用方法
- 熟练掌握利用 PHP 及表单进行数据传递及接收的方法
- 掌握数组函数和时间函数的用法

【技能目标】

- 能完成 PHP 与网页的表单中各种元素的数据输入及处理任务
- 能掌握购物车开发的过程，并能独立完成系统商品订购、结算模块与订单模块等

任务背景

用户购买商品的流程是：来到商城→选择商品→将商品放入购物车→结算下订单。在实现了购物系统商品动态展示功能模块以后，下一步要实现的就是商品的订购与结算功能。

系统中商品订购与结算功能模块，实际就是实现购物车的功能。购物车主要用来存放用户选择好的商品。用户可以将选中的商品添加到购物车中，也可以从购物车中移除商品、修改商品的数量、清空购物车或者查询购买商品的总价等。本任务将具体讲解商品订购、结算模块与订单模块的开发方法。

任务实施

购物系统的核心技术在于商品的展示、网上订购及结算下单功能。通过这些功能，用户在选择了自己喜欢的商品后，就可以将商品加入购物车、提交订单、结账等完成购物。系统中这些功能主要通过订单查询、购物车等模块实现。本任务要完成的商品订购及结算模块功能的结构图，如图 7-1 所示。

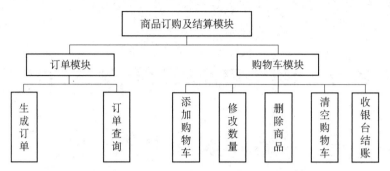

图 7-1　商品订购及结算模块功能结构图

在本功能实现的过程中，能让学生了解购物车开发的思想，学生最终能实现完整的购物系统。

7.1　子任务一：购物车管理

任务陈述

本子任务完成购物车管理功能，包含添加购物车、修改数量、删除商品、清空购物车、收银台结账几个功能。其实现过程如图 7-2 所示。

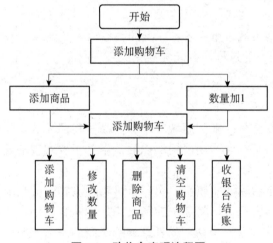

图 7-2　购物车实现流程图

知识准备

7.1.1　字符串函数

字符串函数在 PHP 中应用非常广泛，下面介绍字符串函数的知识。

1. 字符串截取函数

substr()函数可以从字符串的指定位置截取一定长度的字符。函数格式如下：

```
substr(string string,int start [,int length])
```

函数相关参数说明如下。

● string：必需，规定要返回其中一部分的字符串。

● start：必需，规定在字符串的何处开始。如是正数，从字符串的指定位置开始；如是负数，则在从字符串结尾的指定位置开始。如是 0，在字符串中的第一个字符处开始。

● length：可选，规定要返回的字符串长度。默认的是直到字符串的结尾。如是正数，从 start 参数所在的位置返回。如是负数，从字符串末端返回。

2. 统计字符串长度

strlen()函数用于计算字符串的长度。函数格式如下：

```
strlen(string)
```

string：必需，规定要检查的字符串。

【例 7-1】Web 开发时为了保持页面的布局，经常需要截取超长字符串，如文章的标题，其代码如下。

代码 7-1　截取文章标题

```php
<?php
    $str="2018 年第四届全国高校开源及创意大赛的通知";
    if(strlen($str)>20){                    //判断字符串长度是否大于 20 个字符
        echo substr($str,0,20)."...";    //截取 20 个字符
    }else{
        echo $str;
    }
?>
```

程序运行结果：

2018 年第四届全国高校...

【例 7-2】对一个有空格的字符串先分割，再重新合并。其代码如下：

代码 7-2　截取文章标题

```php
<?php
    $str = "Hello world. It's a beautiful day.";
    $arr=explode(" ",$str);  //以空格为分割符，分割字符串
    foreach($arr as $value)  //循环显示数组
    {
        echo $value."<br>";
    }
    echo implode("-",$arr);  //以-为连接符合并字符串
```

```
?>
```

程序运行结果:

```
Hello
world.
It's
a
beautiful
day.
Hello-world.-It's-a-beautiful-day. .
```

3. 替换字符串

利用字符串替换技术可以屏蔽帖子或者留言板中的非法字符,还可以对查询的关键字符高亮显示。

str_replace()函数可以使用一个字符串替换字符串中的另一些字符。

```
str_replace(find,replace,string,count)
```

函数相关参数说明如下。

- find:必需,规定要查找的值。
- replace:必需,规定替换 find 中的值。
- string:必需,规定被搜索的字符串。
- count:可选,一个变量,对替换数进行计数。

该函数区分大小写。如果不希望区分大小写,请使用 str_ireplace()执行搜索。

【例 7-3】将选中的字符串替换为红色。代码如下:

代码 7-3　字符串替换

```php
<?php
    $text="请将文章中 PHP 设置为高亮显示";
    $str="PHP";
    echo str_replace($str,"<font color='FF0000'>PHP</font>",$text);
?>
```

程序运行结果:

```
Hello
```
请将文章中 PHP (此处 PHP 为红色) 设置为高亮显示

4. 字符串检索

strstr()函数用于搜索一个字符串在另一个字符串中的第一次出现的位置,函数格式如下:

```
strstr(string,search)
```

函数相关参数说明如下。

● string：必需，规定被搜索的字符串。

● search：必需，规定所搜索的字符串。如果该参数是数字，则搜索匹配数字 ASCII 值的字符。

5. 字符串格式化函数

字符串格式化函数，如表 7-1 所示。

表 7-1 字符串格式化函数

函　数	说　明
ltrim()	从字符串左侧删除空格或其他预定义字符串
rtrim()	从字符串的末端开始删除空白字符串或其他预定义字符
trim()	从字符串的两端删除空白字符和其他预定字符
str_pad()	把字符串填充为新的长度
strtolower()	把字符串转换为小写
strtoupper()	把字符串转换为大写
ucfirst()	把字符串中的首字符转为大写
ucwords()	将给定的单词和首字母转为大写
nl2br()	在字符串的每个新行之前插入 HTML 换行符
htmlentities()	把字符转换为 HTML 实体
htmlspecialchars()	把一些预定义的字符转换为 HTML 实体
strrev()	反转字符串
strval()	将变量转成字符串类型
strip_tags()	剥去 HTML，XML 及 PHP 的标签

7.1.2 数组函数

数组函数在本任务中也有应用，下面介绍几个数组函数。

1. 检查键名是否存在于指定数组中的函数

array_key_exists()函数用于检查键名是否存在于指定数组中。函数格式如下：

```
bool array_key_exist(mixed key,array search)
```

函数参数说明如下。

● key：必需，为查找的键名。

● Search：必需，为指定的数组。

给定的 key 存在于数组中时返回 true，key 可以是任何能作为数组索引的值。array_key_exists()也可用于对象。

【例 7-4】检查键名是否存在于指定数组中，代码如下：

代码 7-4　检查键名

```php
<?php
    $search_array = array('first' => 1, 'second' => 4);
    if (array_key_exists('first', $search_array)) {
        echo "键名存在于数组中";
    }
?>
```

程序运行结果：

　输入：1

　输出：键名存在于数组中

2. 把数组中的值赋给一些变量的函数

list()函数用于把数组中的值赋给一些变量。函数格式如下：

```
void list ( mixed varname, mixed ... )
```

list()用一步操作给一组变量进行赋值。list()仅能用于数字索引的数组并假定数字索引从 0 开始。

【例 7-5】将数组中的值赋给一些变量，代码如下：

代码 7-5　数组值赋给变量

```php
<?php
    $info = array('coffee', 'brown', 'caffeine');
    list($drink, $color, $power) = $info;//将数组中所有元素赋值给变量
    echo "$drink is $color and $power makes it special.\n";
    list($drink, , $power) = $info; //将数组中部分元素赋值给变量
    echo "$drink has $power.\n";
?>
```

程序运行结果：

```
coffee is brown and caffeine makes it special.
coffee has caffeine.
```

3. 返回数组中当前的键值对，并将数组指针向前移动一步的函数

each()函数用于返回数组中当前的键值对，并将数组指针向前移动一步。函数格式如下：

```
array each ( array &array )
```

键值对被返回为 4 个单元的数组，键名为 0、1、key 和 value。单元 0 和单元 key 包含数组单元的键名，单元 1 和单元 value 包含数据。如果内部指针越过了数组的末端，则 each()返回 false。

【例 7-6】返回数组中当前的键值对，代码如下：

代码 7-6　返回数组中当前的键值对

```php
<?php
    $fruit = array('a' => 'apple', 'b' => 'banana', 'c' => 'cranberry');
    reset($fruit);
    while (list($key, $val) = each($fruit)) {
        echo "$key => $val\n";
    }
?>
```

程序运行结果：

```
a => apple
b => banana
c => cranberry
```

4. 返回一个由数组元素组合成的字符串的函数

implode()函数用于返回一个由数组元素组合成的字符串。函数格式如下：

```
implode(separator,array)
```

implode()函数接受两种参数顺序。但是由于历史原因，explode()是不行的，必须保证 separator 参数在 string 参数之前才行。

【例 7-7】返回数组中当前的键值对，代码如下：

代码 7-7　返回数组中当前的键值对

```php
<?php
    $arr = array('Hello','World!','Beautiful','Day!');
    echo implode(" ",$arr);
?>
```

程序运行结果：

```
Hello World! Beautiful Day!
```

7.1.3　Session 和 Cookie 数组形态

Session 和 Cookie 都可以利用多维数组的形式，将多个内容存储在相同名称的 Session 和 Cookie 中。

【例 7-8】将一个二维数组赋值给 Session 变量，二维数组的每个元素显示一条商品信息，代码如下：

代码 7-8　多维数组形态的 Session

```php
<?php
    $arr[0]=array('id' => 1, 'name' => 'apple')
```

137

```php
$arr[1]=array('id' => 2, 'name' => 'banana')
$arr[2]=array('id' => 1, 'name' => 'cranberry')
$_SESSION['fruit'] =$arr;
echo $_SESSION['fruit']['0']['id'];
echo $_SESSION['fruit']['0']['name'];
?>
```

程序运行结果：

```
1  apple
```

【例 7-9】将用户名和密码赋值给二维数组形态的 Cookie 变量，代码如下：

代码 7-9　二维数组形态的 Cookie

```php
<?php
setcookie("user['uname']", "admin");
setcookie("user['password']", "admin");
foreach($_COOKIE['user']as $key=>$value){
    echo $key. "=> ".$ value;
}
?>
```

程序运行结果：

```
uname => admin  password => admin
```

实施与测试

1. 添加和查看购物车

在商品显示页面中，单击 ▶加入购物车 按钮，即可将商品信息添加到购物车中。完成该功能需要创建添加购物车和查看购物车两个页面，分别为 addgouwuche.php 和 gouwuche.php。

其中查看购物车页面用于查看购买的商品信息，包含商品信息、数量、价格等，如图 7-3 所示。

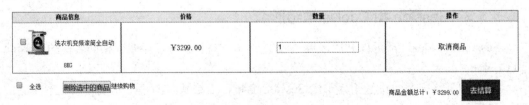

商品信息	价格	数量	操作
洗衣机变频滚筒全自动 8KG	￥3299.00	1	取消商品

全选　删除选中的商品　继续购物　　　　　　　　　商品金额总计：￥3299.00　去结算

图 7-3　查看购物车页面

（1）创建添加购物车页面 addgouwuche.php。

（2）获取要购买商品的商品编号。当单击 details.php 页面中的 ▶加入购物车 按钮时，将商品编号传给添加购物车页面 addgouwuche.php。在 details.php 中，每个商品购买按钮超链接中插入 id 传递代码，代码如下：

```
addgouwuche.php?id=<?php echo $id;?>
```

（3）查询商品信息。根据传递过来的商品编号查询出商品相关信息，将商品编号、名称和购买数量等商品信息保存到数组中，再将数组保存到 Session 中，代码如下：

```
$rs=mysqli_query($link,"select * from tb_shangpin where eaid= '$id'");
$row=mysqli_fetch_array($rs);
$mycar[$id]=array('eid'=>$id,'buy_num'=>1,'EAname'=>$row['EAname']);
$_SESSION['mycar']=$mycar;
```

（4）加入商品的购买数量。关于商品的购买数量，用户第一次购买时默认购买数量是 1，如果重复购买，则在原购买数量基础上加 1，代码如下：

```
if(array_key_exists($id,$mycar)){
    $mycar[$id]['buy_num']+=1;
}else{
    $mycar[$id]=array('eid'=>$id,'buy_num'=>1,'EAname'=>$row['EAname']);
}
```

（5）在创建的 addgouwuche.php 页面中插入 PHP 程序代码，代码如下：

代码 7-10　添加购物车程序代码段

```php
<?php
    session_start();
    require "conn/conn.php";
    $id=$_GET['id'];
    $mycar=$_SESSION['mycar'];                  //将之前购物信息保存
    $rs=mysqli_query($link,"select * from tb_shangpin where eaid='$id'");
    $row=mysqli_fetch_array($rs);
    if(array_key_exists($id,$mycar)){
        $mycar[$id]['buy_num']+=1;
    }else{
        $mycar[$id]=array('eid'=>$id,'buy_num'=>1,'EAname'=>$row
['EAname']);
    }
    $_SESSION['mycar']=$mycar;                  //保存新购物信息
    header("Location:gouwuche.php");
?>
```

（6）创建查看购物车页面 gouwuche.php。

（7）在购买商品时，将商品信息保存到 Session 中，此时只要从 Session 中取出这些信息，输出到页面即可。在信息输出前，需要先判断购物车是否有购物信息，如还没有购物信息，则显示"您还未购物"，代码如下：

```php
if(empty($_SESSION['mycar'])){
    echo "<script>alert('您还未购物');</script>";
    echo "<script>location.href='index.php';</script>";
}
```

（8）在创建的 gouwuche.php 页面中插入 PHP 程序代码，其中加入商品总价编码，代码如下：

代码 7-11　查看购物车程序代码段

```php
...

<?php
    if(empty($_SESSION['mycar'])){
        echo "<script>alert('您还未购物');</script>";
        echo "<script>location.href='index.php';</script>";
    }
    $totalprice=0;      //设置商品总价
    foreach($_SESSION['mycar'] as $s){
        $id=$s['eid'];
        $rs=mysqli_query($link,"select * from tb_shangpin where
eaid='$id'");
        $row=mysqli_fetch_array($rs);
?>
    <tr >
    <td style="border-top:1px #F60 solid;"><p><input name="<?php echo
$row['eaid'];?>" type="checkbox" value=""/><img src="admin/<?php echo
$row['photo'];?>" width="44" height="59" onload="resizeImage(this)"/> <a
href="#"><?php echo $row['EAname'];?></a></p></td>
    <td style="border-top:1px #F60 solid;">¥<?php printf('%.02lf',
$row['vipprice']);$totalprice+=$row['vipprice']*$s['buy_num'];?> </td>
    <td style="border-top:1px #F60 solid;"><input type="text" name= ""
id="textfield" value="<?php echo $s['buy_num'];?>"onblur="slyz()"/></td>
    <td style="border-top:1px #F60 solid; border-right:0px"><a href=
"delgouwuche.php?id=<?php echo $id;?>">取消商品</a></td>
    </tr>
```

140

```php
<?php
    }
?>
...
    <span class="p2" > 商品金额总计：
    ¥<?php printf('%.02lf',$totalprice);$_SESSION['totalprice']= $totalprice;?>
</span>
```

2. 移除商品

（1）在查看购物车页面中，单击"取消商品"超链接时，传递本商品的商品 ID，再执行 delgouwuche.php 页面删除购物中的商品。

（2）创建移除商品页面 delgouwuche.php。

（3）在创建的 delgouwuche.php 页面中插入 PHP 程序代码。代码如下：

代码 7-12　添加购物车程序代码段

```php
<?php
    session_start();
    $id=$_GET['id'];//得到通过 get 方式传过来的 eid
    $mycar=$_SESSION['mycar'];
    foreach($mycar as $a){
        if($a['eid']==$id){
            unset($mycar[$id]);
        }
    }
    $_SESSION['mycar']=$mycar;
    header("Location:gouwuche.php");
?>
```

3. 修改商品数量

在查看购物车页面中，单击 修改商品数量 按钮即可完成商品数量的修改。该功能在 gouwuche.php 页面中实现。商品编号为 name 属性的值，商品数量为 value 属性的值。

显示商品数量的表单代码如下：

```php
<input  type="text"  name="<?php  echo  $info[id];?>"  size="2"  class=
"inputcss" value=<?php echo $num;?>>
```

4. 清空购物车

（1）在查看购物车页面中，单击 清空购物车 链接即可完成清空购物车的功能。该功能在 gouwuche.php 页面中实现。清空购物车代码如下：

```php
<a href="gouwuche.php?qk=yes">清空购物车</a>
```

（2）清空购物车就是将购物车中 SESSION 变量的值清空，代码如下：

```
if($_GET[qk]=="yes"){
        $_SESSION[producelist]="";
        $_SESSION[quatity]="";
    }
```

任务拓展

完善购物车模块的开发和后台购物车管理模块。

任务重现

完成 BBS 系统中用户回帖和回帖查询的功能。

7.2　子任务二：订单管理

任务陈述

本子任务要求完成订单管理，主要包含生成订单、订单查询两个功能。

知识准备

时间日期函数

在本子任务中，用户提交订单后系统自动生成订单创建时间，下面介绍 PHP 中的时间日期函数。

1. 时区设置 date_default_timezone_set()函数

在 PHP 中时间日期函数依赖于服务器的时区设置，默认为零时区，即英国伦敦本地时间。我们使用的是北京时间，所以需要修改时区设置，可通过 date_default_timezone_set()函数进行修改，其语法格式如下：

```
bool date_default_timezone_set(timezone)
```

参数 timezone 为时区名称，具体值可为"PRC"（中华人民共和国）、"Asia/Shang"（上海）、"Asia/Chongqing"（重庆）或"Asia/Urumpi"（乌鲁木齐）中的一个。

2. date()函数

PHP 中最常用的时间日期函数就是 date()函数，其作用是按照给定的格式将时间转化为具体的日期和时间字符串，其语法格式如下：

```
string date(string format[,int timestamp])
```

参数 timestamp 为时间戳，如果省略则使用 time()返回值，参数 format 指定日期和时间输出格式，具体说明如表 7-2 所示。

表 7-2 date()函数参数

format	说 明	返 回 值
时间		
a	小写的上午和下午值	am 或 pm
A	大写的上午和下午值	AM 或 PM
B	Swatch Internet 标准时	000～999
g	小时，12 小时格式，没有前导零	1～12
G	小时，24 小时格式，没有前导零	0～23
h	小时，12 小时格式，有前导零	01～12
H	小时，24 小时格式，有前导零	00～23
i	有前导零的分钟数	00～59
s	秒数，有前导零	00～59
年		
L	是否为闰年	闰年为 1，否则为 0
o	ISO-8601 格式年份数字	如：1999 或 2003
Y	4 位数字完整表示的年份	如：1999 或 2003
y	2 位数字表示的年份	如：99 或 03
月		
F	月份，完整的文本格式	January 到 December
m	数字表示的月份，有前导零	01～12
M	三个字母缩写表示的月份	Jan～Dec
n	数字表示的月份，没有前导零	1～12
t	给定月份所应有的天数	28～31
日		
d	月份中的第几天，有前导零的 2 位数字	01～31
D	星期中的第几天，文本表示，3 个字母	Mon～Sun
i	月份中的第几天，没有前导零	1～31
l（小写 L）	星期几，完整的文本格式	Sunday～Saturday
N	ISO 8601 格式数字表示的星期中的第几天	1（星期一）～7（星期天）
S	每月天数后面的英文后缀，2 个字符	st，nd，rd 或者 th
w	星期中的第几天，数字表示	0（星期天）～6（星期六）
z	年份中的第几天	0～366
星期		
W	ISO 8601 格式年份中的第几周	如 42（当年的第 42 周）

续表

format	说　明	返　回　值
时区		
e	时区标识	如：UTC，GMT
I	是否为夏令时	夏令时为1，否则为0
O	与格林威治时间相差的小时数	如：+0200
T	本机所有的时区	如：EST，MDT
Z	时差偏移量的秒数。UTC 西边的时区偏移量总是负的，UTC 东边的时区偏移量总是正的	−43200 到 43200
完整的日期/时间		
c	ISO 8601 格式的日期	如：2004-02-12T15:19:21+00:00
r	RFC 822 格式的日期	如：Thu,21 Dec 2000 16:01:07+0200
U	从 UNIX 纪元开始至今的秒数	如：1268285637

【例 7-10】应用 date()函数格式化输出本地时间，代码如下：

代码 7-13　格式化输出本地时间

```php
<?php
    date_default_timezone_set("PRC");
    echo date("Y-m-d")."<br>";
    echo date("Y-m-d H:i:s")."<br>";
    echo date("Y 年 m 月 d 日 H 时 i 分 s 秒")."<br>";
?>
```

运行结果：

```
2014-04-07
2014-04-07  13:51:18
2014 年 04 月 07 日 13 时 51 分 18 秒
```

3. getdate()函数

该函数可以获取日期和时间信息，返回一个由日期、时间信息组成的关联数组，函数语法格式如下：

```
array getdate([int timestamp])
```

getdate()函数返回的时间数组元素说明如表 7-3 所示。

表 7-3　getdate()函数返回的时间数组元素

键　名	说　明	返　回　值
seconds	秒	0～59
minutes	分钟	0～59

续表

键　　名	说　　明	返　回　值
hours	小时	0～23
mday	月份中的第几天	1～31
wday	星期中的第几天	0（星期天）～6（星期六）
mon	月份	1～12
year	4 位数字表示的完整年份	例如：1999 或 2003
yday	一年中的第几天	0～365
weekday	星期几的完整文本表示	Sunday～Saturday
month	月份的完整文本表示	January～December
0	自从 UNIX 纪元开始至今的秒数，和 time() 的返回值及用于 date() 的值类似	与系统相关，典型值为从 −2147483648 到 2147483647

【例 7-11】利用 getdate() 函数获取当前时间信息，代码如下：

代码 7-14　获取当前时间

```php
<?php
    date_default_timezone_set("PRC");
    $var=getdate();
    print_r($var);
    echo "<br>";
    echo "今天是一年中的第".$var['yday']. "天"."<br>";
    echo "今天是本月中的第".$var['mday']. "天"."<br>";
?>
```

运行结果：

今天是一年中的第 96 天

今天是本月中的第 7 天

实施与测试

1. 生成订单

在购物车页面 gouwuche.php 中购买图书信息后，单击"去结算"链接。进入填写收货人信息页面 jiesuan.php，如图 7-4 所示。进入前需先判断用户是否已登录，在用户填写完收货地址等信息后，单击 提交订单 按钮，将订单信息插入到数据库订单表中，利用 adddingdan.php 完成生成订单的过程。

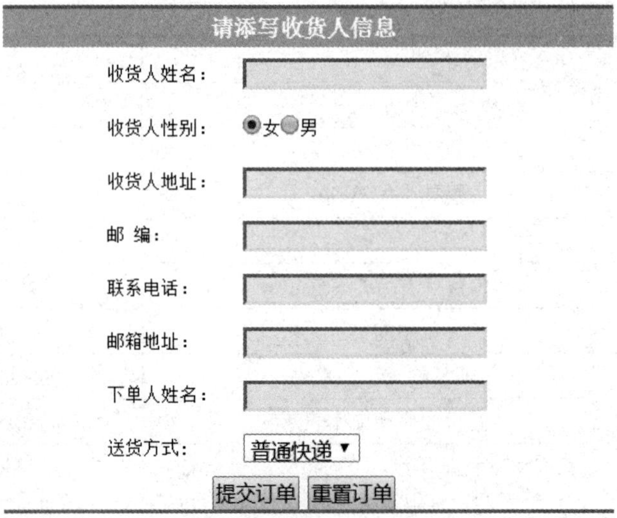

图 7-4　填写收货人信息页面

（1）创建填写收货人信息页面 jiesuan.php。当单击"提交订单"按钮将收货人信息传递到 adddingdan.php 页面。

（2）在创建的 adddingdan.php 页面中插入 PHP 程序代码，生产订单号，代码如下：

代码 7-15　填写收货人信息页面代码段

```php
<?php
    session_start();
    require "conn/conn.php";
    $userid=$_SESSION['nowuserid'];
    $totalprice=$_SESSION['totalprice'];
    $xiadanren=$_SESSION['nowuser'];
    $name=$_POST['name'];
    $sex=$_POST['sex'];
    $dz=$_POST['dz'];
    $yb=$_POST['yb'];
    $tel=$_POST['tel'];
    $email=$_POST['email'];
    $xm=$_POST['xm'];
    $shff=$_POST['shff'];
    $orderdate=date("Y-m-d",time());
    $zt="未处理";
    foreach($_SESSION['mycar'] as $a){
        @$spc.=$a['EAname'].'@';
        @$slc.=$a['buy_num'].'@';
    }
```

```
$addsql="insert into tb_dingdan(userid,spc,slc,shouhuoren,sex, address,
youbian,tel,email,shff,orderdate,xiadanren,zt,total) values('$userid', '$spc',
'$slc','$name','$sex','$dz','$yb','$tel','$email','$shff','$orderdate','$xm
','$zt','$totalprice')";
        $addrs=mysqli_query($link,$addsql);
        if(mysqli_affected_rows($link)>0){
            unset($_SESSION['totalprice']);
            unset($_SESSION['mycar']);
            echo "<script>alert('订单加入成功');</script>";
            echo "<script>location.href='index.php';</script>";
        }else{
            echo "<script>alert('订单加入失败');</script>".mysqli_error($link);
            echo "<script>location.href='showdingdan.php';</script>";
        }
    ?>
```

2. 订单查询

生成订单后，可以单击主页面导航栏的"我的订单"链接，进入订单查询页面showdingdan.php，如图 7-5 所示。该页面可以查询到订单的订单号、订货人、付款方式、订单总金额、订单状态、下单时间等信息。

我的订单信息

订单号	收货人	付款方式	订单总金额	订单状态	下单时间	操作
包裹81	asdf	货到付款	￥6,999.00	未处理	2018-08-17	取消订单
包裹82	asdf	货到付款	￥6,598.00	未处理	2018-08-20	取消订单

本站共2条记录　共1/1页

图 7-5　订单查询页面

（1）创建订单查询页面 showdingdan.php。
（2）在创建的 showdingdan.php 页面中插入 PHP 程序代码，生产订单号，代码如下：

代码 7-16　订单查询页面代码段

```
<?php
    require "conn/conn.php";
    if(!isset($_SESSION['nowuser'])){
        echo "<script>alert('请登录');</script>";
        echo "<script>location.href='login.php';</script>";
    }
//分页效果
    $userid=$_SESSION['nowuserid'];
    $rs=mysqli_query($link,"select * from tb_dingdan where userid=
```

```
'$userid'");
        $total=mysqli_num_rows($rs);
        $pagesize=8;
        if($total%$pagesize==0){
            $numofpage=(int)($total/$pagesize);
        }else{
            $numofpage=(int)($total/$pagesize)+1;
        }
        if(isset($_GET['page'])){
            $currentpage=$_GET['page'];
            $start=($currentpage-1)*$pagesize;
        }else{
            $currentpage=1;
            $start=0;
        }
//获取当前文件名
    $url=$_SERVER['PHP_SELF'];
    $filename=substr($url,strrpos($url,'/')+1);
//以下为显示订单
    $cx="select * from tb_dingdan where userid='$userid' limit $start,
$pagesize";
    $tj=mysqli_query($link,$cx);
    $hs=mysqli_num_rows($tj);
    if($hs>0){
        while($row=mysqli_fetch_array($tj)){
?>
<tr>
<td>包裹<?php echo $row['orderid'];?> </td>
<td><?php echo $row['shouhuoren'];?></td>
<td><span title="货到付款">货到付款</span></td>
<td>￥<?php echo number_format($row['total'],2);?></td>
<td><?php echo $row['zt'];?></td>
<td><?php echo $row['orderdate'];?></td>
<td><a href="deldingdan.php?id=<?php echo $row['orderid'];?>">取消订单
</a></td>
    </tr>
    <?php
        }
    }else{
```

```
        echo "<tr><td colspan='7'>没有任何订单</td></tr>";
    }
?>
```

任务拓展

完善订单管理模块的开发，再完善后台订单增、删、改、查的功能。

任务重现

完成 BBS 系统中后台回帖管理的功能。

任务8 网上购物系统后台模块开发

学习目标

在前面任务中了解了用户登录注册、购物等模块的开发。这些功能模块都是网站前台功能，也就是普通用户可以使用的功能，那么我们如何完成网站的日常管理呢？如：商品的添加、修改、删除、查询等工作。完成这些工作还需要一个网站后台管理系统。后台管理系统的功能主要包括商品管理、订单管理、用户管理等内容。在添加商品时，需要将商品的图片上传到服务器中，然后显示在页面中，那 PHP 如何实现文件上传呢？在订单管理页面中，如何实现订单基本信息及其订单中产品详细信息的同时显示呢？这些是本任务学习的要点。

【知识目标】
- 熟悉页面布局中浮动的灵活使用
- 掌握文件上传的实现方法

【技能目标】
- 掌握<div>块级标签的使用
- 掌握文件通过表单中<input type="file">标记实现上传

任务实施

后台登录作为后台管理系统的入口，主要用于验证管理员的身份。在商品管理模块这部分主要实现对商品信息的管理，包括商品信息的添加、修改、删除，商品类别的添加，商品公告的处理。订单信息管理模块主要功能包括查看所有用户提交的订单信息，根据执行阶段对订单所处状态进行标记处理。

8.1 子任务一：后台管理登录界面

任务陈述

在设计时考虑到防止非法用户进入后管理系统，通过表单提交到后台页面以实现判断用户名和密码是否正确，如果是合法用户，则可以登录后台管理系统的主页面，否则，屏幕给出错误提示。

验证码的使用

验证码多数用于用户注册和登录页面，主要用于防止机器批量注册用户或机器频繁测试登录的操作，从而提高网站的安全性。

验证码具有一定的迷惑性，根据 PHP 中的 GD 库绘图原理及常用函数对验证码进行处理，绘制出验证码的图片。再将其图片载入到表单界面，通过简单的 Session 保存正确的验证码数据与用户输入的验证码进行对比，完成验证码检测的功能。

实施与测试

单独创建一个 yzm.php 页面，用于绘制验证码图片，相关代码和注释如下：

代码 8-1　验证码界面

```php
<?php
session_start();
$str="abcdefghijklmnopqrstuvwxyz0123456789";//验证码字符源
for($i=0;$i<4;$i++){
$num.=substr($str,mt_rand(0,29),1);//生成 4 位验证码 num
}
$_SESSION['yzm']=$num;//将生成的验证码信息存入 SESSION
$img=imagecreate(60,20);//创建一个画布，60 像素*20 像素
$white=imagecolorallocate($img,255,255,255);//分配颜色
$blue=imagecolorallocate($img,0,0,255);//分配颜色
for($i=1;$i<200;$i++){//为验证码加干扰点*
$x=mt_rand(0,60);
$y=mt_rand(0,20);
$color=imagecolorallocate($img,mt_rand(200,255),mt_rand(200,255),
mt_rand(200,255));//分配一个随机颜色
imagechar($img,1,$x,$y, "*",$color);
}
for($i=0; $i<4; $i++){//绘制验证码内容
$strx+=mt_rand(8,13);//位置随机
$strpos=mt_rand(1,5);//位置随机
imagestring($img,5,$strx,$strpos,substr($num,$i,1),$blue);
}
//输出图像
ob_clean();
header("content_type:image/gif");
imagegif($img);
?>
```

将验证码载入到登录界面，实现相关代码如下：

代码 8-2　后台登录界面

```
......
<script type="text/javascript">
function ck(f){
  if(f.yhm.value==""){
  alert("用户名为空！");
  f.username.focus();
  return false;
  }
  if(f.mm.value==""){
  alert("密码为空！");
  f.userpwd.focus();
  return false;
  }
  if(f.yzm.value==""){
  alert("验证码为空！");
  f.yz.focus();
  return false;
  }
}
function chcode(){
  document.getElementById("yz").src="yzm.php?x="+Math.random();
}
</script>
</head>
<body>
<div id="lg">
<div id="logo">
<h1><img src="images/logo1a.png" />电器商城管理员登录</h1>
<form method="post"  action="chkadmin.php" onsubmit="return ck(this)">
  <p>用户名:
    <input name="yhm" type="text" id="yhm" />
  </p>
  <p>
    密　码:
      <input name="mm" type="password" id="mm" />
  </p>
  <p>
    验证码:
```

```
        <input name="yzm" id="yzm" type="text"style=" width:60px;"/>
        <a onclick="chcode()"><img id="yz" src="yzm.php" /></a>
    </p>
    <p>
        <input name="ok" type="submit" style="background:url(images/denglu.
gif); border:0px; width:61px ; height:29px; margin-left:30px;" value="登录" />
        <input type="reset" style="background:url(images/denglu.gif) ;
width:61px ; border:0px; height:29px; margin-left:30px; " value="重置" />
    </p>
    <p> </p>
</form>
</div>
</div>
</body>
</html>
```

运行结果如图 8-1 所示。

图 8-1 后台登录界面

用户登录后，页面跳转至 chkadmin.php，该页面用于判断用户的合法性，主要代码如下：

代码 8-3 合法用户判断

```php
<?php
include("link.php");
```

```
session_start();
if(!empty($_POST['yhm'])){
    $name=$_POST['yhm'];
    $password=md5($_POST['mm']);
    $yz=$_POST['yzm'];
    $yzm=$_SESSION['yzm'];
    if($yzm!=$yz){
        echo '<script type="text/javascript">alert("验证码错误！");
history.back();</script>';
        exit;
        }
    $sql="select * from tb_admin where name='".$name."'";
    $result=mysqli_query($link,$sql);
    $info=mysqli_fetch_array($result);
    if($info==false){
        echo '<script type="text/javascript">alert("管理员不存在");
history.back();</script>';
    exit;
    }else{
    if($info['password']!=$password){
    echo '<script type="text/javascript">alert("密码错误");history.
back();</script>';
    exit;
    }else{
        $_SESSION['name']=$name;
        header("location:default.php");
        }
    }
    }
?>
```

8.2 子任务二：后台管理首页

任务陈述

后台管理首页承载并显示网站后台所包含的模块，使网站管理员能够清楚其管理权限。下面介绍网站后台管理首页面的设计和功能实现。

页面的布局

在网站后台管理系统的首页面中使用 div 规划页面布局，把浏览器窗口划分成若干个区域，每个区域内加载相对应的页面从而显示不同的页面效果，并且各个页面之间不会受到任何影响。划分的区块主要由以下几部分组成。

（1）在页面上方的头部（header.php），代码如下：

代码 8-4 头部代码

```
<meta http-equiv="Content-Type" content="text/html; charset=utf-8" />
<link href="css/index.css" rel="stylesheet" type="text/css" />
<div id="header">
<h1><img src="images/logo1a.png" />电器商城管理员登录</h1>
</div>
```

（2）在页面的左侧（left.php），代码如下：

代码 8-5 左侧代码

```
<meta http-equiv="Content-Type" content="text/html; charset=utf-8" />
<link href="css/index.css" rel="stylesheet" type="text/css" />
<div id="left">
<h3><img src="images/houtai1_03.gif" />商品管理<img src="images/houtai1_
03.gif" /></h3>
<ul>
<li><img src="images/houtai_03.gif" /><a href="default.php">管理商品
</a></li>
<li><img src="images/houtai_03.gif" /><a href="addgood.php">添加商品
</a></li>
</ul>
<h3><img src="images/houtai1_03.gif" />类别管理<img src="images/houtai1_
03.gif" /></h3>
<ul>
<li><img src="images/houtai_03.gif"  border="0px"/><a href="showtype.
php">管理类别</a></li>
<li><img src="images/houtai_03.gif" /><a href="addtype.php">添加类别
</a></li>
</ul>
……
<h3><img src="images/houtai1_03.gif" />用户管理<img src="images/houtai1_
03.gif" /></h3>
<ul>
```

```
<li><img src="images/houtai_03.gif" /><a href="user.php"> 会 员 管 理
</a></li>
    <li><img src="images/houtai_03.gif" /><a href="admin.php">管 理 员 管 理
</a></li>
    </ul>
    </div>
```

（3）在页面下方的底部（footer.php），代码如下：

代码 8-6　底部代码

```
<div id="footer">
<p>地址：北京朝阳区***路***号　版权所有：北京天天书屋有限公司</p>
<p>互联网信息服务备案编号：京 ICP 备 06001111 号　　技术支持：计算机信息工程系</p>
</div>
```

实施与测试

后台管理首页 default.php 的主要功能是列出管理模块，以便管理员对各个模块进行操作，其默认显示内容为商品的基本信息。进入后台前，系统会对管理员是否登录进行判断，代码如下：

代码 8-7　后台管理默认页面

```
……
<?php include "header.php";?>
<?php include "left.php";?>
<div id="right" >
    <p style="background:#628e37; padding-left:10px; color:#FFF;">您当前的
位置：商品管理—>查看商品</p>
    <?php
    session_start();
    if(!isset($_SESSION['name'])){
       echo "<script>alert('请先登录');</script>";
       echo "<script>location.href='index.php';</script>";
    }else{
        include "link.php";
        $sql="select * from tb_shangpin ";
        $rs=mysqli_query($link,$sql);
        $num=mysqli_num_rows($rs);
        if($num==0){
           echo "暂无商品";
        }else{
           $size=9;
           $page_num=ceil($num/$size);
```

```php
            if(isset($_GET['page_id'])){
                $page_id=$_GET['page_id'];
                $start=($page_id-1)*$size;
                }else{
                    $page_id=1;
                    $start=0;
                }
            $sql2="select * from tb_shangpin limit $start,$size";
            $rs2=mysqli_query($link,$sql2);?>
    <form action="delallgoods.php" method="post" >
        <span style="text-align:right; padding-right:10px;"> </span>
        <table width="670" border="0" cellpadding="0" cellspacing="0">
            <tr>
                <td bgcolor="#666666">
                    <table width="670" cellspacing="1" border="0px">
                        <tr>
                            <td width="33"  bgcolor="#FFFFFF"><div>复选</div></td>
                            <td width="99"  bgcolor="#FFFFFF"><div>商品名称</div></td>
                            ......
                            <td  width="77"  bgcolor="#FFFFFF"><div> 新 品 <br> 预 售
</div></td>
                            <td width="126"  bgcolor="#FFFFFF"><div>操作</div></td>
                        </tr>
    <?php
        while($row=mysqli_fetch_array($rs2)){
    ?>
                        <tr>
                            <td  bgcolor="#FFFFFF"  style="text-align:center;"><input
type="checkbox"    name="<?php   echo   $row['eaid'];?>"    value="<?php   echo
$row['EAname'];?>" /></td>
                            <td  bgcolor="#FFFFFF"style="text-align:center;"><?php echo
$row['EAname']; ?></td>
                            <td bgcolor="#FFFFFF"style="text-align:center;"><?php echo
$row['brand']; ?></td>
                            <td bgcolor="#FFFFFF"style="text-align:center;"><?php  echo
$row['place'];?></td>
                            <td bgcolor="#FFFFFF"style="text-align:center;"><?php echo
$row['mfgdate'];?></td>
                            <td bgcolor="#FFFFFF"style="text-align:center;"><?php  echo
```

```
$row['refprice'];?></td>
                <td bgcolor="#FFFFFF"style="text-align:center;"><?php echo
$row['vipprice'];?></td>
                <td   bgcolor="#FFFFFF"style="text-align:center;"><?php   if
(strlen($row['introduction'])>10){echo substr($row['introduction'], 0,18).
"...";} ?></td>
                <td bgcolor="#FFFFFF"style="text-align:center;"><?php if($row
['recommend']==1){echo "是";}else{echo "否"; }?></td>
                <td bgcolor="#FFFFFF"style="text-align:center;"><?php if($row
['newEA']==1){echo "是";}else{echo "否"; }?></td>
                <td  bgcolor="#FFFFFF"  style="text-align:center;"><a  href=
"changegood.php?eaid=<?php  echo  $row['eaid'];?>"> 修 改 </a> <a  href=
"delgoods.php?eaid=<?php echo $row['eaid'];?>">删除</a></td>
            </tr>
        <?php
          } } }
        ?>
        </table></td></tr>
        <td><table  width="670"  height="25"  border="0"  align=
"center" cellpadding="0" cellspacing="0"><tr>
            <td style="text-align:right; padding-right:10px;">
        <input type="submit" value="删除选择项" class="buttoncss" style=
"margin-right:180px;" >
        <span><a href="default.php?page_id=1"><<</a></span>
            <span><a href="default.php?page_id=<?php if($page_id>1){echo
$nowpage=$page_id-1;}else{ echo 1;}?>"><</a></span>
            <span><a href="default.php?page_id=<?php if($page_id<$page_num)
{echo $nowpage=($page_id+1);}else{ echo $page_num;}?>">> </a></span>
            <span><a href="default.php?page_id=<?php echo $page_num;?>">>>
</a></span>
        </td>  <td style="text-align:right; padding-right:10px;">
    本站共有 <?php echo $num;?> 条记录 每页显示 <?php echo $size;?> 条 第
<?php echo $page_id;?> 页/共 <?php echo $page_num;?> 页
        </td> </tr>
    </table></td>
    </table>
    </form></div>
    <?php include "footer.php";?>
    ……
```

后台管理首页运行结果如图 8-2 所示。

图 8-2　后台管理首页

8.3　子任务三：商品管理模块

任务陈述

商品管理模块中主要分为：管理商品页面和添加商品页面。管理商品页面主要以列表形式分页显示商品信息，并有修改、删除商品的功能，添加商品页面主要以表单的形式提交新商品的基本数据到数据库服务器，同时上传商品的图片信息。

知识准备

文件上传操作

在添加商品时，会遇到商品的图片上传的问题，在 PHP 中实现文件上传要用到
<input type="file">标记选择本地文件实现上传。在这里要特别注意 enctype 属性值，一定要设为"multipart/form-data"，否则无法上传文件。举例如下：

代码 8-8 文件上传

```php
<form action="" enctype="multipart/form-data" method="post" name="upform">
<input name="upimage" type="file"><br/>
<input type="submit" value="上传"><br/>
</form>
<?php
if(@is_uploaded_file($_FILES['upimage']['tmp_name'])){
$name=$_FILES['upimage']["name"];
$type=$_FILES['upimage']["type"];
$size=$_FILES['upimage']["size"];
$tmp_name=$_FILES['upimage']["tmp_name"];
$error=$_FILES['upimage']["error"];
switch($type){
    case 'image/jpeg':$ok=1;break;
    case 'image/gif':$ok=1;break;
    case 'image/png':$ok=1;break;
            default:echo"不能上传其他格式文件! "; break;
}
if($ok==1&&$size<=20000&&$error==0){
    move_uploaded_file($tmp_name,'uploads/'.$name);
    echo "文上传成功! ";
}
}
?>
```

在上面的案例中，用到一种非常简单的文件上传方式，通过使用 PHP 的全局数组 $_FILES，可以通过客户计算机向远程服务器上传文件。接下来介绍一下$_FILES。

在 PHP 中使用$_FILES 数组，其语法如下：

$_FILES【参数 1】【参数 2】

第一个参数是表单的 input name，第二个参数可以是 name、type、size、tmp_name 或 error。

- $_FILES["file"]["name"]——被上传文件的名称。
- $_FILES["file"]["type"]——被上传文件的类型。
- $_FILES["file"]["size"]——被上传文件的大小，以字节计。
- $_FILES["file"]["tmp_name"]——存储在服务器中的文件的临时副本的名称。
- $_FILES["file"]["error"]——由文件上传导致的错误代码。

通过以上的参数可以对上传的文件进行设置，如使用$_FILES["file"]["type"]对上传文件的类型进行设置，$_FILES["file"]["size"]对上传文件的大小进行设置，如代码 8-8 中，即对上传文件设置要求：类型必须是 JPEG、GIF、PNG 格式，大小不能超过 20KB。

针对$_FILES["file"]["error"]的错误代码，其值分别代表以下情况。

- 值0：没有错误发生，文件上传成功。
- 值1：上传的文件超过了 php.ini 中 upload_max_filesize 选项限制的值。
- 值2：上传文件的大小超过了 HTML 表单中 MAX_FILE_SIZE 选项指定的值。
- 值3：文件只有部分被上传。
- 值4：没有文件被上传。
- 值5：上传文件大小为 0。

所以当$_FILES["file"]["error"]的值为 0 时，才代表文件上传成功。

文件被上传后，默认地被存储在了临时目录$_FILES["file"]["tmp_name"]中，这时必须将它从临时目录中删除或移动到其他地方，如果没有，则不管是否上传成功，脚本执行完后临时目录中的文件肯定会被删除。所以在删除之前要用 PHP 的 move_uploaded_file()函数将上传的文件移动到新位置，此时，才算完成了上传文件过程。move_uploaded_file()函数语法格式为：

```
move_uploaded_file(file,newloc)
```

函数相关参数说明如下。

- file：规定要移动的文件，即$_FILES["file"]["tmp_name"]。
- newloc：规定文件的新位置，即自定义一个存放路径。

例如，move_uploaded_file($_FILES["file"]["tmp_name"],"upload/". $_FILES["file"]["name"]);

实施与测试

1. 商品添加

addgood.php 页面中通过表单收集商品基本信息，并提交至 saveaddgood.php 页面进行数据插入处理，同时将商品图片上传到服务器指定位置。

在 addgood.php 页面中插入了 JavaScript 脚本，确保表单收集的数据符合要求。从 tb_type 表中查询商品类型 id 和类型名称，使其动态生成商品类型下拉列表。代码如下：

代码 8-9 商品信息添加

```
------addgood.php 页面
......
<script language="javascript">
function spyz(fom){
if(fom.EAname.value==''){
alert("请输入商品名称");
fom.EAname.select();
return false;
}
if(fom.brand.value==''){
alert("请输入品牌");
```

```
fom.brand.select();
return false;
}
……
}
</script>
</head>
<body>
<?php include "header.php";?>
<?php include "left.php";?>
<div id="right" >
<p style="background:#628e37; padding-left:10px; color:#FFF;">您当前的位
置：商品管理-->添加商品</p>
<br />
<form    action="saveaddgoods.php"    method="post"    onsubmit="return
spyz(this)" enctype="multipart/form-data">
<table width="670" border="0" cellpadding="0" cellspacing="0">
……
  <td  bgcolor="#FFFFFF"><div>商品类型:</div></td>
  <td  bgcolor="#FFFFFF">
  <select name="typeid" style="margin-left:10px;">
  <?php
    session_start();
    if(!isset($_SESSION['name'])){
    echo "<script>alert('请先登录');</script>";
echo "<script>location.href='index.php';</script>";
}else{
include "link.php";
$sql="select * from tb_type order by typeid";
$res=mysqli_query($link,$sql);
while($row=mysqli_fetch_array($res)){
    echo "<option value=".$row['typeid'].">".$row['typename']."</option>";
}
}
?>
  </select>
  </td>
</tr>
<tr>
```

```
......
<tr bgcolor="#FFFFFF">
<td><div>出产时间:</div></td>
<td>
<select name="nian" style="margin-left:10px;">
<?php for($i=1995;$i<=2050;$i++){?>
<option><?php echo $i;?></option>
<?php }?>
</select>年
<select name="yue">
<?php for($i=1;$i<=12;$i++){?>
<option><?php echo $i;?></option>
<?php }?>
</select>月
<select name="ri">
<?php for($i=1;$i<=31;$i++){?>
<option><?php echo $i;?></option>
<?php }?>
</select>日
</td>
</tr>
......
</table></td>
</tr>
</table>
</form>
</div>
<div align="center">
  <?php include "footer.php";?>
</div>
</body>
</html>
```

在 saveaddgood.php 页面中，主要通过$_POST 获取 addgood.php 表单中提交的数据，查询提交的商品名称是否存在，如已存在则不予添加。添加商品数据时，还需一并上传商品的图片到指定目录。代码如下：

代码 8-10 获取添加的商品信息

------saveaddgood.php 页面

```
<body>
```

```php
<?php
include "link.php";
if(isset($_POST['ok'])){
$EAname=$_POST['EAname'];
......
$mfgdate=$_POST['nian']."-".$_POST['yue']."-".$_POST['ri'];
$introduction=$_POST['introduction'];
$recommend=$_POST['recommend'];
$newEA=$_POST['newEA'];
$time=date("ymdhis");
$sql="select * from tb_shangpin where EAname='$EAname'";
$res=mysqli_query($link,$sql);
if(mysqli_num_rows($res)>0){
    echo "<script>alert('该商品已存在!');</script>";
    echo "<script>location.href='addgood.php';</script>";
}else{
    if(is_uploaded_file($_FILES['photo']['tmp_name'])){
        $tpname=$_FILES['photo']['name'];
        $type=$_FILES['photo']['type'];
        $tmp=$_FILES['photo']['tmp_name'];
        $error=$_FILES['photo']['error'];
        $path="upimages/".$tpname;
        switch($type){
        case "image/pjpeg": $pdz=1; break;
        case "image/jpeg": $pdz=1; break;
        case "image/gif": $pdz=1; break;
        case "image/png": $pdz=1; break;
        default: echo "不能上传其他格式文件! ";
        }
        if($pdz==1 && $error==0){
            $filename=$time.iconv("utf-8","gb2312",$tpname);
            move_uploaded_file($tmp,"upimages/".$filename);
            }else{
        echo "<script>alert('图片上传失败');</script>";
        }
        $photo="admin/upimages/".$time.$tpname;
        $sql2="insert into tb_shangpin('EAname', 'typeid', 'brand',
'place', 'refprice', 'vipprice','mfgdate','introduction','photo', 'recommend',
'newEA') values ('$EAname','$typeid', $brand', '$place','$refprice',
```

```
'$vipprice','$mfgdate','$introduction','$photo','$recommend','$newEA')";
            $rs=mysqli_query($link,$sql2);
            if($rs && mysqli_affected_rows($link)>0){
                echo "<script>alert('添加成功');</script>";
                echo "<script>location.href='default.php';</script>";
            }else{
                echo "<script>alert('添加失败');</script>";
                echo "<script>location.href='addgood.php';</script>";
            }
        }
    }
    ?>
    </body>
```

运行结果如图 8-3 所示。

图 8-3 商品添加

2. 商品信息修改

在 default.php 页面显示的商品信息中，将"操作"一栏中的"修改"超链接到 changegood.php 商品修改页面，在 changegood.php 页面的表单中展现商品原有的信息，在对表单做修改后提交至 editgood.php 页面，从而更新数据表。

在 changegood.php 页面中，需要注意的是商品类型、生产日期下拉框选项需要符合商品的实际情况，则需要对 option 选项进行判断是否被选中，代码如下所示：

代码 8-11　商品信息修改

```
------ changegood.php 页面
......
<form action="editgood.php" method="post" onsubmit="return spyz(this)"
enctype="multipart/form-data">
<table width="670" border="0" cellpadding="0" cellspacing="0">
......
<tr>
   <td  bgcolor="#FFFFFF"><div>商品类型:</div></td>
   <td  bgcolor="#FFFFFF">
   <select name="typeid" style="margin-left:10px;">
   <?php
       $sql2="select * from tb_type order by typeid";
       $res2=mysqli_query($link,$sql2);
       while($row=mysqli_fetch_array($res2)){
           echo "<option value=".$row['typeid'];
       if($rs['typeid']==$row['typeid']){ echo " selected";}
       echo " >".$row['typename']."</option>";
       }
   ?>
   </select>
   </td>
</tr>
......
<tr  bgcolor="#FFFFFF">
<td><div>出产时间:</div></td>
<td>
<?php
$mfgdate=$rs['mfgdate'];
$time=explode("-", $mfgdate);
//print_r($time);
?>
<select name="nian" style="margin-left:10px;">
<?php for($i=1995;$i<=2050;$i++){?>
<option <?php if($i==@$time[0]){ echo " selected";}?>><?php   echo
$i;?></option>
```

```
<?php }?>
</select>年
<select name="yue">
<?php for($i=1;$i<=12;$i++){?>
<option <?php if($i==@$time[1]){ echo " selected";}?>><?php  echo
$i;?></option>
<?php }?>
</select>月
<select name="ri">
<?php for($i=1;$i<=31;$i++){?>
<option <?php if($i==@$time[2]){ echo " selected";}?>><?php  echo
$i;?></option>
<?php }?>
</select>日
</td>
</tr>
……
<tr bgcolor="#FFFFFF">
<td><div>新品预售:</div></td>
<td><input name="newEA" type="radio" value="1`" checked="checked"/>是
<input name="newEA" type="radio" value="0" <?php  if($rs['newEA']==0){echo
'checked';}?>/>否</td>
</tr>
……
```

editgood.php 页面主要通过$_POST 获取 changegood.php 表单中提交的数据，并更新
商品信息表 tb_shangpin。代码如下：

代码 8-12　商品修改更新

```
------ editgood.php 页面
<?php
include "link.php";
if(isset($_POST['ok'])){
  $eaid=$_POST['eaid'];
  $EAname=$_POST['EAname'];
……
  $newEA=$_POST['newEA'];
  $time=date("ymdhis");
  //上传新图片
  if(is_uploaded_file($_FILES['photo']['tmp_name'])){
```

```php
            $tpname=$_FILES['photo']['name'];
            $type=$_FILES['photo']['type'];
            $tmp=$_FILES['photo']['tmp_name'];
            $error=$_FILES['photo']['error'];
            $path="upimages/".$tpname;
            switch($type){
            case "image/pjpeg": $pdz=1; break;
            case "image/jpeg": $pdz=1; break;
            case "image/gif": $pdz=1; break;
            case "image/png": $pdz=1; break;
            default: echo "不能上传其他格式文件！";
            }
            if($pdz==1 && $error==0){
                    $filename=$time.iconv("utf-8","gb2312",$tpname);
                    move_uploaded_file($tmp,"upimages/".$filename);
                    }else{
            echo "<script>alert('图片上传失败');</script>";
            }
            $photo="admin/upimages/".$time.$tpname;
    }else{//如果没有上传新图片则用原来的图片
        $tpsql="select * from tb_shangpin where eaid='$eaid'";
        $tj=mysqli_query($link,$tpsql);
        $tpres=mysqli_fetch_array($tj);
        $photo=$tpres['photo'];
    }
    $upd="update tb_shangpin set EAname='$EAname',typeid='$typeid',brand=
'$brand',place='$place',
    refprice='$refprice',vipprice='$vipprice',mfgdate='$mfgdate',introduction=
'$introduction',photo='$photo',recommend='$recommend',newEA='$newEA'  where
eaid='$eaid'";
    $updrs=mysqli_query($link,$upd);
    if($updrs && mysqli_affected_rows($link)>0){
        echo "<script>alert('修改成功');</script>";
        echo "<script>location.href='default.php';</script>";
    }else{
        echo "<script>alert('修改失败');</script>";
        echo "<script>location.href='default.php';</script>";
    }
    }
    ?>
```

运行结果如图 8-4 所示。

图 8-4 商品修改

3. 商品信息删除

商品信息删除分为：单项删除、勾选多个商品一并删除两种。单项删除即在 default.php 页面中的商品列表后，单击"删除"超链接到 delgood.php 页面，进行单个商品删除的操作。而勾选多个商品一并删除，是通过勾选商品列表前的复选框，再单击"删除选择项"按钮将之提交至 delallgoods.php 页面完成多个商品删除的操作。

在单项删除 delgood.php 页面中，获取超链接传递过来的商品 ID，对商品数据进行删除操作，并将操作结果反馈给用户。代码如下：

代码 8-13 商品单个删除

```
------delgood.php 页面
<?php
include "link.php";
$eaid=$_GET['eaid'];
$del="delete from tb_shangpin where eaid='$eaid'";
$result=mysqli_query($link,$del);
if($result && mysqli_affected_rows($link)>0){
 echo "<script>alert('商品删除成功！');</script>";
}else{
 echo "<script>alert('商品删除失败！');</script>";
}
```

```
echo "<script>location.href='default.php';</script>";
?>
```

在 delallgoods.php 页面中，获取表单传递过来的$_POST 数据，遍历需要删除的商品 ID，进行逐个删除，并将最终操作结果反馈给用户。代码如下：

代码 8-14　商品多个删除

```
------delallgoods.php 页面
<?php
include("link.php");
foreach ($_POST as $key => $value){
  $sql="delete from tb_shangpin where eaid='".$key."'";
      mysqli_query($link,$sql);
}
echo "<script>alert('删除商品成功！');location.href='default.php';</script>";
?>
```

任务拓展

<h2 align="center">其他管理功能的实现</h2>

完成"类别管理"、"查看管理"、"订单详情"、"查看公告"和"会员管理"等功能，如图 8-5～图 8-9 所示。

图 8-5　类别管理

图 8-6 查看管理

图 8-7 订单详情

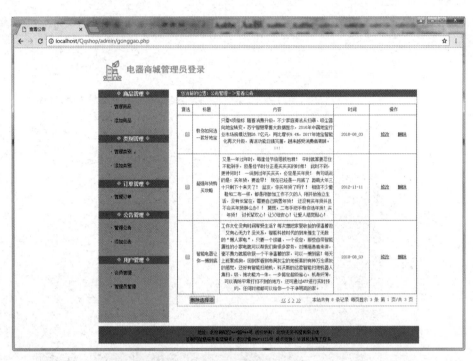

图 8-8　查看公告

图 8-9　会员管理

任务重现

根据代码 8-1～代码 8-3，完成电器商城的后台登录、后台管理等功能。

任务 9 网上购物系统 ThinkPHP 框架环境搭建

学习目标

ThinkPHP 是一个免费开源的、快速的、简单的、面向对象的轻量级 PHP 开发框架，遵循 Apach2 开源协议，其目的是简化企业级应用开发和敏捷 Web 应用开发。本任务将运用 ThinkPHP 开发商城后台查看商品页面，围绕 ThinkPHP 的使用进行详细讲解。

【知识目标】

- 熟悉 MVC 设计模式概念
- 熟悉 ThinkPHP 目录结构及其功能
- 掌握 ThinkPHP 搭建环境
- 掌握 ThinkPHP 配置，能够根据实际需求配置相关参数
- 掌握应用、模块、控制器、视图等概念

【技能目标】

- 掌握 MVC 的设计模式
- 能利用 ThinkPHP 框架实现简单的功能

任务背景

在开发一个 Web 项目的时候，项目负责人往往需要考虑很多事情。例如，开发时文件的命名规范、文件的存放规则，并提供各类基础功能类（如验证码、文件上传功能等）。这些准备工作是十分重要且消耗时间的，那么有什么办法可以帮助我们快速完成项目基础搭建呢？

在实际的程序设计中，可以通过基于 PHP 框架来解决这个问题。PHP 框架是一种可以在项目开发过程中，提高开发效率，创建更为稳定的程序，并减少开发者重复编写代码的基础架构。目前市面上的 PHP 框架有很多种，但从易学性角度考虑，我们选择由国人开发的 ThinkPHP 来作为学习框架，因为其有相应的中文网站、中文开发手册以及大量的中文注释支持。

任务实施

在本任务中，我们将使用 ThinkPHP 框架开发后台管理的查看商品页面。首先需要

搭建 ThinkPHP 框架的运行环境，将静态页面正常显示；其次学习 ThinkPHP 的配置文件，完成数据库的连接操作；最后学习 ThinkPHP 的模板标签，加载动态效果，让数据库数据正常显示在页面中。

9.1 子任务一：搭建 ThinkPHP 框架的运行环境

任务陈述

"工欲善其事，必先利其器"，在学习 ThinkPHP 框架之前，必须先了解关于 MVC 设计模式概念，因为 ThinkPHP 是基于 MVC 设计模式基础上开发而成的；其次搭建 ThinkPHP 框架的运行环境，从官网下载 ThinkPHP 的 ThinkPHP3.2.3 完整版，并通过入口文件自动生成模块目录，最后学习 ThinkPHP 基础知识，将后台查看商品静态页面在浏览器中正常显示。

知识准备

9.1.1 MVC 设计模式

MVC 是当前流行的 Web 应用设计框架的事实标准，是软件工程中的一种软件架构模式，已被广泛使用。MVC 设计模式影响了软件开发人员的分工，它使页面设计人员和功能开发人员有效地分开，它强制性地使应用程序的输入、处理和输出分开，这大大提高了 Web 系统的可靠性、可扩展性和可维护性。

MVC 把软件系统分为三个基本部分：模型（Model）、视图（View）和控制器（Controller）。

● Model（模型）是应用程序中用于处理应用程序数据逻辑的部分。通常模型对象负责在数据库中存取数据。

● View（视图）是应用程序中处理数据显示的部分。通常视图是依据模型数据创建的。

● Controller（控制器）是应用程序中处理用户交互的部分。通常控制器负责从模型中读写数据，控制用户输入，并调用视图进行显示数据。

MVC 设计模式如图 9-1 所示。

MVC 处理过程为：首先控制器接收用户的请求，并决定应该调用哪个模型来进行处理，然后模型层进行业务逻辑处理返回数据，最后控制器用相应的视图格式化模型返回的数据，并通过视图呈现给用户。

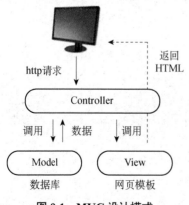

图 9-1 MVC 设计模式

9.1.2 搭建 ThinkPHP 运行环境

1. 下载并部署框架

ThinkPHP 最新版本可以其在官方网站（http://thinkphp.cn/down/framework.html）下载。本书下载

174

ThinkPHP3.2.3 完整版。把下载后的压缩文件解压到 Web 目录（或者任何目录都可以）中，这里我们将解压后的文件夹放至 WWW 文件夹的 admin 目录下。下面我们一起来认识 ThinkPHP 的各个目录结构。

ThinkPHP 初始目录结构如图 9-2 所示，其中 Application 与 Public 目录都是空的。

ThinkPHP 框架系统目录的结构如图 9-3 所示。

```
├─index.php         入口文件
├─README.md         README文件
├─Application       应用目录
├─Public            资源文件目录
└─ThinkPHP          框架目录
```

图 9-2   ThinkPHP 初始目录结构

```
├──ThinkPHP 框架系统目录（可以部署在非 Web 目录下面）
│    ├──Common              核心公共函数目录
│    ├──Conf                核心配置目录
│    ├──Lang                核心语言包目录
│    ├──Library             框架类库目录
│    │    ├──Think          核心 Think 类库包目录
│    │    ├──Behavior       行为类库目录
│    │    ├──Org            Org 类库包目录
│    │    ├──Vendor         第三方类库目录
│    ├──Mode                框架应用模式目录
│    ├──Tpl                 系统模板目录
│    ├──LICENSE.txt         框架授权协议文件
│    ├──logo.png            框架 LOGO 文件
│    └──ThinkPHP.php        框架入口文件
```

图 9-3   ThinkPHP 框架系统目录的结构

2. 入口文件及自动生成

几乎所有基于 MVC 设计模式的 PHP 框架都会采用单一入口（网站的所有访问都会经过该文件）进行项目访问，ThinkPHP 也不例外。

入口文件主要完成以下事情：

● 定义框架路径和项目路径。
● 定义调试模式和应用模式（可选）。
● 定义全局常量（可选）。
● 加载框架入口文件。

当我们在浏览器中输入 "http://localhost/admin/index.php" 访问入口文件时，会有两处发生变化：一是浏览器页面出现图 9-4 所示的欢迎页面，说明 ThinkPHP 安装正确；二是原先空的 Application 目录多出了几个目录，如图 9-5 所示。

图 9-4   欢迎界面

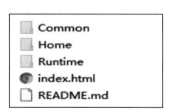

```
  Common
  Home
  Runtime
  index.html
  README.md
```

图 9-5   自动生成 Application 目录

在 ThinkPHP 中，Application 目录称为应用目录，该目录中默认存在一个 Home 目录，通常我们将 Home 目录当作项目的前台模块，在该目录下存在 3 个子目录，具体如下。

- Controller 目录：该目录用来保存当前模块下的控制器类文件。
- Model 目录：该目录用来保存当前模块下的模型文件。
- View 目录：该目录用来保存当前模块下的视图文件。

9.1.3 ThinkPHP 基础知识

ThinkPHP3.2.3 采用模块化的设计，每个模块之间相对独立，每个模块可以很方便地卸载和部署。默认模块为 Home 模块，如果想要添加其他模块，比如后台模块，可在 Home 目录同级建立 Admin 模块即可。注意，Admin 后台模块目录结构与 Home 前台模块要保持完全一致。

1. 模块化设计概念

ThinkPHP3.2.3 采用模块化的架构设计思想。首先，我们来理解一下应用、模块、控制器、操作概念，如表 9-1 所示。

表 9-1　模块化设计概念

名　称	描　　述
应用	基于同一个入口文件访问的项目我们称为一个应用
模块	一个应用下面可以包含多个模块，每个模块在应用目录下面都是一个独立的子目录
控制器	每个模块可以包含多个控制器，一个控制器通常体现为一个控制器类
操作	每个控制器类可以包含多个操作方法，也可能是绑定的某个操作类，每个操作是 URL 访问的最小单元

我们已经了解了应用和模块的概念，下面介绍控制器和操作。

作为 MVC 模式最核心的控制器，起着沟通视图和模型的作用。在一个好的 MVC 架构中，View 永远不应该直接操作 Model，而应该通过 View->Controller->Model 的方式操作。这一方面减少了耦合程度，另一方面在将来对 View 重构时不会影响到 Model。

一般来说，ThinkPHP 的控制器就是一个类，该类位于"模块/Controller"文件夹下，而操作是指控制器类的一个 public 方法。控制器类文件名称规则如下。

控制器类的命名方式是：控制器名（驼峰法，首字母大写）+Controller。

控制器文件的命名方式是：类名+class.php（类文件后缀）。

例如，我们创建 IndexController.class.php 控制器类文件，在控制器类中创建公共方法 index()，代码如下：

```
namespace Admin\Controller;               //命名空间定义
use Think\Controller;      // 表示引入 Think\Controller 类便于直接使用
class IndexController extends Controller {    //IndexContrller 类开始
```

```
    public function index(){                                    //公共方法，即操作
echo "hello";
    }

 }
```

其中，命名空间定义必须写在所有的 PHP 代码之前，否则会出错；并且命名空间定义表示当前类是 Admin 模块下的控制器类，命名空间和实际的控制器文件所在的路径是一致的，如果改变了当前的模块名，那么这个控制器类的命名空间也需要随之修改。

了解上述概念之后，那么我们应该如何通过浏览器来访问页面呢？

在 ThinkPHP 框架中，一个典型的 URL 访问规则是（我们以默认的 PATHINFO 模式为例说明，当然也可以支持普通的 URL 模式）：

http://serverName/index.php/模块/控制器/操作/[参数名/参数值...]

因此，在浏览器地址栏中输入"http://localhost/admin/index.php/Admin/Index/index"，浏览器中会出现"hello"。

2. 控制器常用方法

1）assign()方法

ThinkPHP 框架默认开启了模板引擎，在开启模板引擎的情况下，都需要使用 assign()方法将变量分配给视图文件，示例代码如下：

```
$this -> assign('name',$name)
```

第 1 个参数表示数据在视图中的名称，第 2 个参数表示要传递的数据。由于 ThinkPHP 框架采用面向对象编程，因此还可以使用对象属性赋值的方法，示例代码如下：

```
$this -> name =$name;
```

需要注意的是，assign()方法必须在 display()方法前调用，分配的变量数据才能显示到视图中。

2) display()方法

这是渲染模板输出最常用的使用方法，调用格式如下：

display(' [模板文件] ' [,'字符编码'][, '输出类型'])

模板文件的用法如表 9-2 所示。

表 9-2　模板文件的用法

用　　法	描　　述
不带任何参数	自动定位当前操作的模板文件
[模块@][控制器:][操作]	常用写法，支持跨模块，模板主题可以和 theme 方法配合
完整的模板文件名	直接使用完整的模板文件名（包括模板后缀）

第一种方法即 assign()为最常用方法，表示系统会按照默认规则自动定位模板文件（当前模块/默认视图目录/当前控制器/当前操作.html），使用方法如下：

```
$this -> display()
```

3. 视图模板

在本教材中所提到的"模板"和"视图"为同一概念。每个模块的模板文件是独立的，默认的模板文件定义规则是：**视图目录/[模板主题/]控制器名/操作名+模板后缀**。

默认的视图目录是 View 目录，框架默认的视图后缀为".html"。按照该规则，可以推断 Admin 模块下 Index 控制器 index 操作对应的模板文件路径应为：

```
Application/Admin/View/Index/index
```

4. 模板常量替换

当视图放置在 View 目录中后，视图当中所用到的 css、js 等文件需要放置在 Public 目录中，而链接地址通常都比较长，那么在视图中如何定位找到它们呢？ThinkPHP 就提供了一些特殊字符，用以替代链接中的部分地址，特殊字符及替换规则如表 9-3 所示。

表 9-3　特殊字符及替换规则

名　　称	替　换　为
__ROOT__	当前网址（不包括域名）
__APP__	当前应用的 URL 地址（不包括域名）
__MODULE__	当前模块的 URL 地址（不包括域名）
__CONTROLLER__	当前控制器的 URL 地址（不包括域名）
__ACTION__	当前操作的 URL 地址（不包括域名）
__SELF__	当前页面的 URL 地址
__PUBLIC__	当前网站的公共目录，通常是/Public/

以上字符严格区分大小写，且仅针对内置的模板引擎有效。使用了替换规则后，模板中的所有__PUBLIC__字符串都会被替换成相应的 Public 目录。

实施与测试

我们将使用 ThinkPHP 框架完成后台查看商品静态页面的输出。

1. 创建控制器

在 Application\Admin\Controller 目录中创建 IndexController.class.php 控制器，代码如下：

代码 9-1　控制器代码

```
namespace Admin\Controller;
use Think\Controller;
```

```
class IndexController extends Controller {
    public function index(){
 $this->display(); //模板输出
    }
}
?>
```

2. 创建模板文件

在 Application\Admin\View 目录中建立 Index 文件夹,将查看商品静态页面复制到此文件夹中创建模板,并且在 Public 文件夹中建立 Admin 文件夹,将后台页面所使用的资源文件 css、js 等复制至此文件夹中,最后修改模板页面代码如下:

代码 9-2 模板代码

```
<html>
......
    <link href="__PUBLIC__/Admin/css/index.css" rel="stylesheet" type=
"text/css" />
    ......
    <img src="__PUBLIC__/Admin/images/logo1a.png" />电器商城管理员登录</h1>
......
</html>
```

将所有 images 前的路径中都加上__PUBLIC__/Admin。模板修改完后就可以在浏览器中输入"http://localhost/admin/index.php/Admin/Index/index"运行了。

9.2 子任务二:ThinkPHP 框架的数据库连接

任务陈述

查看商品页面正常展示之后,接下来要做的是连接数据库,将数据库信息展示在页面中。在 ThinkPHP 框架中,数据库的连接是在配置文件中完成的,所以首先应学习配置文件,然后连接数据库。

知识准备

配置文件

ThinkPHP 框架采用多个配置文件目录的方式,来协同控制框架的相关功能,其中主要配置文件的说明如表 9-4 所示。

表 9-4　配置文件分类

配　　置	文　件　路　径	说　　明
惯例配置	\ThinkPHP\Conf\convention.php	按照大多数的使用惯例，对常用参数进行了默认配置
应用配置	\Application\Common\Conf\config.php	应用配置文件也就是调用所有模块之前都会首先加载公共配置文件，提供对应用的基础配置
调试配置	\Application\Common\Conf\debug.php	如果开启调试模式的话会自动加载框架的调试配置（ThinkPHP\Conf\debug.php）和应用调试配置（Application\Common\Conf\debug.php）
模块配置	\Application\当前模块\Conf\config.php	每个模块会自动加载自己的配置文件

1. 配置格式

ThinkPHP 框架中默认所有配置文件的定义格式均采用返回 PHP 数组的方式，配置参数不区分大小写（因为定义格式无论大小写都会转换成小写），具体格式如下：

```php
//项目配置文件
return array(
'DEFAULT_MODULE' => 'Index', //默认模块
'URL_MODEL' => '2', //URL 模式
'SESSION_AUTO_START' => true, //是否开启 Session
//更多配置参数
//...
);
```

2. 配置加载

ThinkPHP 的配置文件是自动加载的，配置文件之间的加载顺序为：

惯例配置→应用配置→调试配置→模块配置

由于后面的配置会覆盖之前的同名配置，所以配置的优先级从右到左依次递减。

ThinkPHP 采用这种设计，是为了更好地提高项目配置的灵活性，让不同模块能够根据各自需求进行不同配置。

3. 读取配置

无论何种配置文件，定义了配置文件之后，都统一使用系统提供的 C 方法（可以借助 Config 单词来帮助记忆）来读取已有的配置。格式为：

```php
C('参数名称')
```

注意：参数名称中不能含有"."和特殊字符，仅允许字母、数字和下画线。

例如，读取当前的 URL 模式配置参数，代码如下：

```php
$model = C('URL_MODEL');
```

```
// 由于配置参数不区分大小写，因此下面的写法是等效的
// $model = C('url_model');
```

4. 常用配置

1）连接数据库

由于\Application 下的应用都可能会使用数据库，因此将数据库配置保存到应用配置中，数据库的配置选项可以在惯例配置中找到。

将惯例配置中的数据库相关配置参数复制到应用配置中，然后再根据实际情况填写相应参数，数据库连接就成功了。

2）默认访问配置

默认情况下，访问 ThinkPHP 的入口文件 index.php，总是会访问到 Home 模块下的 Index 控制器的 index 操作。这是在惯例配置文件中默认定义的，我们可以通过修改配置文件来改变默认访问的操作。

例如，打开文件\Application\Common\Conf\config.php，可根据需要修改代码如下：

```
return array(
    'DEFAULT_MODULE'=>'Admin',
    'DEFAULT_CONTROLLER'=>'Login',
    'DEFAULT_ACTION'=>'indexLogin',
);
```

3）URL 访问模式配置

所谓 URL 访问模式，指的是采用哪种形式的 URL 地址访问网站。ThinkPHP 支持的 URL 模式有 4 种，如表 9-5 所示。

表 9-5　URL 访问模式

URL 访问模式	URL_MODEL 设置	示　例
普通模式	0	http://localhost/index.php?m=Admin&c=Index&a=Index
PATHINFO 模式	1	http://localhost/index.php/Admin/Index/index
REWRITE 模式	2	http://localhost /Admin/Index/index
兼容模式	3	http://localhost/index.php?s=/Admin/Index/Index

实施与测试

打开惯例配置文件与应用配置文件，在惯例配置文件中将数据库连接代码复制到应用配置文件中，根据实际情况填入相应数据，完成数据库的连接。具体代码如下：

代码 9-3　惯例配置

```
return array(
    //'配置项'=>'配置值'
    'DB_TYPE'              => 'mysql',    // 数据库类型
```

```
'DB_HOST'              => 'localhost', // 服务器地址
'DB_NAME'              => 'qq_shop',   // 数据库名
'DB_USER'              => 'root',      // 用户名
'DB_PWD'               => '',          // 密码
'DB_PORT'              => '3306',      // 端口
'DB_PREFIX'            => 'tb_',       // 数据库表前缀
);
```

9.3　子任务三：获取并导入数据

任务陈述

数据库正常连接后，接下来要做的工作就是从模型中得到数据，再通过控制器的 assign()方法发送给模板，模板页面中通过模板内置标签将数据导入到正确的位置，整个页面制作完成。

知识准备

9.3.1　模型

1. 实例化模型

在 ThinkPHP 框架中基础模型类为\Think\Model，该类完成基本的 CURD、ActiveRecord 操作，所以只需实例化模型类，就可以完成相关数据表的操作。而 ThinkPHP 框架的 M()方法能够帮助我们快速实例化模型对象。M()方法不论是否有参数，实例化的都是 ThinkPHP 框架提供的基础模型类\Think\Model，指定参数是为了告诉 ThinkPHP 下面要操作的表是哪个表。如，M('shangpin')，即是对 tb_shangpin 表进行的操作。

2. 数据读取操作

ThinkPHP 可以读取字段值、单条数据和数据集，如表 9-6 所示。

表 9-6　读取命令

方　法	作　用	示　例
getField()	读取字段值(字符串)	M('shangpin')->getField('EAname')
find()	读取单条数据(一维数组)	M('shangpin')->find()
select()	读取数据集(二维数组)	M('shangpin')->select()

3. 连贯操作

说到 ThinkPHP，不得不提到它的"连贯操作"功能，连贯操作可以有效地提高代码质量以及开发效率。比如要查询 User 模型中 status 为 1 的前 10 条记录，并且按照时间倒序排序，只需要编写如下代码即可：

```
$user = M('User');
$list = $user->where('status=1')->order('create_time desc')-
>limit(10)->select()
```

该代码的 where、order、limit 就是连贯操作方法，查看这些方法的源代码可以发现，它们在方法的最后都返回了当前模型，所以这是连贯操作的核心，由于 select 最终返回的是数据集，所以不是连贯操作，而是 CURD 方法中的 R 方法（read 读取）。

9.3.2　模板内置标签

volist 标签通常用于查询数据集（select 方法）的结果输出，在使用前需要在控制器中进行赋值操作。控制器示例代码如下：

```
$post= M('Post');
$list = $post->>limit(10)->select()
$this -> assign('list', $list);
```

模板代码如下：

```
<volist name='list' id='vo'>
{$vo.id}:{$vo.title}<br />
</volist>
```

实施与测试

控制器 IndexController 代码如下：

代码 9-4　控制器 IndexController 代码
```
namespace Admin\Controller;
use Think\Controller;
class IndexController extends Controller {
    public function index(){
        $sp = M('shangpin');
        $data = $sp -> select();
        $this -> assign('data',$data);
        $this -> display();
    }
}
```

模板 index.html 部分代码如下：

代码 9-5　模板 index.html 部分代码
```
namespace Admin\Controller;
<volist name='data' id='vo'>
<tr>
```

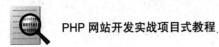
```
<td bgcolor="#FFFFFF" style="text-align:center;">
<input type="checkbox" name="1" value="1"/></td>
<td bgcolor="#FFFFFF"style="text-align:center;">{$vo.eaname}</td>
<td bgcolor="#FFFFFF"style="text-align:center;">{$vo.brand}</td>
<td bgcolor="#FFFFFF"style="text-align:center;">{$vo.place}</td>
......
</tr> </volist>
```

任务重现

利用 ThinkPHP 框架完成 BBS 系统后台静态显示页面的展示。

任务 10　网上购物系统 ThinkPHP 框架功能实现

学习目标

本任务我们将利用 ThinkPHP 框架来实现网络购物系统后台商品类型管理模块的开发，以达到熟悉和掌握 ThinkPHP 框架技术的学习目的。

【知识目标】

- 熟悉 ThinkPHP 熟悉程序设计
- 熟悉 ThinkPHP 配置
- 熟悉 ThinkPHP 控制器
- 熟悉 ThinkPHP 模型
- 熟悉 ThinkPHP 视图
- 熟悉 ThinkPHP 模板

【技能目标】

- 熟练掌握 ThinkPHP 程序设计的方法
- 熟练掌握 ThinkPHP 框架的基本使用
- 能利用 ThinkPHP 框架实现商品管理模块等简单功能的开发

任务背景

ThinkPHP 是一个快速、简单的基于 MVC 和面向对象的轻量级 PHP 开发框架，遵循 Apache2 开源协议发布，从诞生以来一直秉承简洁实用的设计原则，在保持出色的性能和至简的代码的同时，尤其注重开发体验和易用性，并且拥有众多的原创功能和特性，为 Web 应用开发提供了强有力的支持。在本书中我们将使用 ThinkPHP 框架来实现商品管理模块等功能。

任务实施

我们已经在前面讲解过购物系统中的后台管理部分，本任务将用 ThinkPHP 框架来实现其中的各个功能，达到熟练掌握 ThinkPHP 框架的基本使用方法，并能利用 ThinkPHP 框架实现商品管理模块等简单功能的开发。

10.1　子任务一：系统管理员登录

在网上购物后台管理系统中，首先需要实现一个管理员登录功能。该功能是为了防止没有权限的人任意登录系统进行非法操作。下面就使用 ThinkPHP 框架来对这一功能进行详细介绍。

本功能主要的设计思路为：

（1）创建 Admin 模块用于开发后台管理系统各功能。

（2）创建管理员 tb_admin 表。

（3）在配置文件中配置数据库连接信息。

（4）创建 Index 后台登录控制器，编写 index()方法，显示登录界面。

（5）编写 login()方法，用来验证管理员登录信息是否合法。

（6）编写 index.html 视图文件，该文件用来显示登录界面。

10.1.1　文件常用配置

1. 数据库配置

由于 \Application 下的所有应用都可能会使用数据库，因此将数据库配置保存到应用配置文件\Application\Common\Conf\config.php 中，配置参数如下：

```
'DB_TYPE'   => 'mysql', // 数据库类型
'DB_HOST'   => 'localhost', // 服务器地址
'DB_NAME'   => 'thinkphp', // 数据库名
'DB_USER'   => 'root', // 用户名
'DB_PWD'    => '123456', // 密码
'DB_PORT'   => 3306, // 端口
'DB_PREFIX' => 'think_', // 数据库表前缀
'DB_CHARSET'=> 'utf8', // 字符集
```

2. 后台 Admin 模块配置

下载并解压 ThinkPHP 3.2.3 后，在默认的应用 Application（./Application）中，包含一个默认的模块 Home（./Application/Home）。需要在该默认应用中创建一个用于后台管理的 Admin 模块，可以通过在应用入口文件（./index.php）中绑定 Admin 模块来自动生成 Admin 模块：

```
define('BIND_MODULE','Admin');
```

此时访问 http://Qqshop/index.php 便会自动在 ./Application 下创建 Admin 目录（要记得把上面的定义删掉，否则通过入口文件访问网站首页就会默认访问 Admin 模块）。

不需要修改入口文件，此时访问 http://Qqshop/index.php/Admin 就可以访问后台的 Index 控制器的 index 方法了。

10.1.2 URL 生成

为了配合当前项目使用的 URL 模式，需要根据项目实际需求变化将当前的 URL 设置生成对应的 URL 地址。ThinkPHP 框架提供了 U 方法，用于 URL 的动态生成，可以确保项目在移植过程中不受环境的影响。语法格式如下：

```
U('地址表达式',['参数'],['伪静态后缀'],['显示域名'])
```

通常只需要书写第 1 个参数"地址表达式"即可，如需带参数也可增加第 2 个参数 ['参数']，例如：

```
U('Book/BookShow')//生成 Book 控制器的 BookShow 操作的 URL 地址
U('Book/BookShow?id=1')//生成 Book 控制器的 BookShow 操作,并且 id 为 1 的 URL 地址
U('Book/BookShow', 'id=1')//同上
U('Admin/Book/BookShow')//生成 Admin 模块的 Book 控制器 BookShow 操作的 URL 地址
```

综上可知，当需要生成一个 URL 地址链接的时候，就可以使用 U 方法来实现。

10.1.3 跳转和重定向

1. 页面跳转

在应用开发中，经常会遇到一些带有提示信息的跳转页面，例如，操作成功或者操作错误页面，并且自动跳转到另外一个目标页面。系统的\Think\Controller 类内置了两个跳转方法 success()和 error()，用于页面跳转提示。

success()方法用于在判断操作成功时的跳转，格式如下：

```
$this->success('操作成功, 正在跳转...', U('Book/BookShow'),5);
```

其中第 1 个参数表示提示信息，第 2 个参数表示跳转地址，第 3 个参数表示跳转等待时间，单位为秒，如省略则默认为 3。

error()方法用于在判断操作失败时的跳转，格式如下：

```
$this->error('操作失败, 正在跳转...');
```

其中参数与 success()方法参数相同，当省略第 2 个参数时，系统会自动跳回到上一访问页面。

2. 重定向

Controller 类的 redirect 方法可以实现页面的重定向功能。例如，在我们进行登录操作时，登录信息验证不正确，我们就会使用重定向让用户重新访问登录页。

redirect()方法的参数用法和 U 函数的用法一致。例如：

```
$this->redirect('Index/index ', 5, '页面跳转中...');
```

上面的用法是停留 5 秒后跳转到 Index 模块的 index 操作，并且显示"页面跳转

中..."字样，重定向后会改变当前的 URL 地址。

10.1.4　session 操作

系统提供了 session 管理和操作的完善支持，全部操作可以通过一个内置的 session 函数完成，该函数可以完成 session 的设置、获取、删除和管理操作。

session 赋值比较简单，直接使用的代码如下：

```
session('name','value');  //设置 session
```

session 取值，使用代码如下：

```
$value = session('name');// 获取 session 数组中键名为 name 的值
$value = session();        // 获取所有的 session
```

删除某个 session 的值，使用的代码如下：

```
session('name',null); // 删除 name
```

要删除所有的 session，可以使用的代码如下：

```
session(null); // 清空当前的 session
```

要判断一个 session 值是否已经设置，可以使用的代码如下：

```
session('?name');  // 判断名称为 name 的 session 值是否已经设置
```

10.1.5　验证码

Think\Verify 类可以支持验证码的生成和验证功能。为了显示这个验证码功能，第一要有控制器，再就是有方法，然后是显示的页面。

1. 在控制器中编写生成验证码方法

在控制器中加入生成验证码的自定义方法，下面的代码是以最简单的方式生成验证码：

```
public function verify(){
    $Verify = new \Think\Verify();//造验证码的对象
    $Verify->entry();  //生成验证码
}
```

2. 显示验证码的页面

显示验证码的页面，代码如下：

```
<img src="{:U('index/verify')}" width="120" height="40" />
```

验证码显示如图 10-1 所示。

图 10-1　验证码显示

3. 验证码检测

可以用 Think\Verify 类的 check 方法检测验证码的输入是否正确，例如，下面是封装的一个验证码检测的函数：

```php
// 检测输入的验证码是否正确, $code 为用户输入的验证码字符串
function check_verify($code, $id = ''){
    $verify = new \Think\Verify();
    return $verify->check($code, $id);
}
```

实施与测试

1. 创建 Admin 模块用于开发后台管理系统各功能

在应用入口文件 index.php 文件中增加 "define('BIND_MODULE','Admin');" 代码，然后运行 index.php 入口文件。在 Application 文件夹中，会自动创建一个用于后台管理的 Admin 模块，如图 10-2 所示。

2. 创建管理员 tb_admin 表

在数据库中创建 tb_admin 表，并录入数据。

3. 在配置文件中配置数据库连接信息

在 ThinkPHP 中，Application\Common\Conf 目

图 10-2　自动创建的 Admin 模块

录下的 config.php 文件被称为应用配置文件，该文件的配置对 Application 目录下的所有程序有效。不论是前台（Home）还是后台（Admin）都需要对数据库进行操作，因此需要把数据库的连接信息配置到 Application\Common\Conf\config.php 文件中。代码如下：

代码 10-1　数据库配置代码

```php
<?php
    return array(
        //'配置项'=>'配置值'
        'DB_TYPE'=>'mysql', // 使用的数据库是 MySQL
        'DB_HOST'=>'localhost',//主机名称
        'DB_NAME'=>'db_shop',// 数据库名
        'DB_USER'=>'root', //数据库账号
        'DB_PWD'=>'',// 填写你连接数据库的密码
        'DB_PORT'=>'3306',//数据库端口
        'DB_PREFIX'=>'tb_', // 数据表表名的前缀
        'DB_CHARSET' => 'utf8',//数据库设置
        'DEFAULT_CHARSET' => 'utf-8',//设置模板显示 utf-8
    );
```

4. 创建 Index 后台登录控制器，编写 index()方法，显示登录界面

在 Application\Admin\Controller 下创建 IndexController.class 控制器，并在控制器中编写 index()方法来显示登录界面。代码如下：

代码 10-2　Index 控制器及 index()方法代码

```php
<?php
    namespace Admin\Controller;  //当前控制器的命名空间，对应 Application\
    Admin\Controller 目录
    use Think\Controller;           //引入的命名空间
    class IndexController extends Controller {
        public function index(){
            $this->display();
        }
    }
```

5. 编写 index.html 视图文件，该文件显示登录界面

利用表单编写 index.html 视图文件，包括管理员名、密码以及验证码，在验证码文本框后插入 "<img src="{:U('index/verify')}" width="120" height="40" />" 代码，从而显示验证码图片。将 index.html 文件放入 Application\Admin\View\Index 文件夹下。登录界面如图 10-3 所示。

图 10-3　管理员登录界面

6. 编写 login()方法，用来验证管理员登录信息是否合法

在 Index 控制器中增加 login()方法，获取用户信息及验证码，并代入数据库中与管理员表中的管理员数据进行对比。假设数据库中存在该用户信息，同时验证码正确，则显示登录成功，否则显示登录失败。当登录成功时利用 session 存放用户名。login()方法的代码如下所示：

代码 10-3　login()方法代码

```php
<?php
public function login(){
    $where["name"]=$_POST['username'];
    $where["password"]=md5($_POST['password']);
    $code=$_POST['yzm'];
    //使用 M()方法实例化模型类对象，并指定要操作的数据库 tb_admin 表
    $userdata=M("Admin");
    $verify = new \Think\Verify();
    if($verify->check($code))
    {
```

```
$result=$userdata->field("id")->where($where)->find();
if($result)
{
    session('name',$where["name"]);  //保存登录账号
    $this->success("登录成功",U("Book/BookShow"));
}
else
{
    $this->error("登录失败");
}
}
else
{
    $this->error("验证码错误");
}
}
?>
```

以上就是网络购物后台系统的登录页面功能。当打开浏览器访问 http://localhost: 8080/Qqshop/index.php/Admin/Index/index 时，如果登录成功显示成功界面，并跳转到后台系统中商品浏览模块，结果如图 10-4 所示，否则显示登录失败界面，重新跳回登录界面。运行结果如图 10-5 所示。

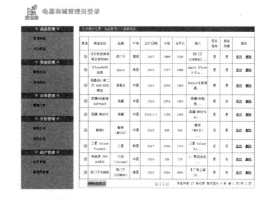

图 10-4　登录成功界面

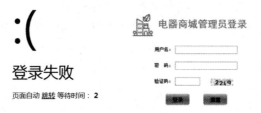

图 10-5　登录失败界面

10.2 子任务二：系统后台商品类别管理

任务陈述

网上购物系统后台分为商品管理、类别管理、订单管理、公告管理、用户管理五大模块，本任务实现类别管理部分功能。类别管理功能主要是对商品各类别信息进行显示、增加、删除、修改等。下面就来完成类别管理功能。

本功能主要的设计思路有：

（1）创建 TypeController.class 类别管理控制器。

（2）编写 TypeShow()方法，显示类别管理信息。

（3）编写 TypeAdd()方法，增加类别信息。

（4）编写 TypeDel()方法，删除类别信息。

（5）编写 TypeChange()方法，修改类别信息。

（6）编写对应视图文件。

知识准备

10.2.1 模型实例化

在 ThinkPHP 中，无须进行任何模型定义。只有在需要封装单独的业务逻辑的时候，模型类才必须被定义。ThinkPHP 中实例化模型有 3 种方式，如表 10-1 所示。

表 10-1 实例化模型的 3 种方式

方 法	示 例
直接实例化	$User = new \Home\Model\UserModel(); $Info = new \Admin\Model\InfoModel();
D 方法实例化	$User = D('User');
M 方法实例化	$User = M('User');

1. 直接实例化

顾名思义，直接实例化就是和实例化其他类库一样实例化模型类，例如：

```
$Type = new \Admin\Model\TypeModel();//实例化 Admin 模块下的 Type 模型类
```

这样就可以获取到指定模型类的对象，并通过这个对象操作指定的数据表。

2. D 方法实例化

直接实例化的时候需要传入完整的类名，系统提供了一个快捷方法 D 用于数据模型的实例化操作。D 方法用于实例化一个"用户定义模型类"，该方法只有一个参数，参数值就是模型的名称，并且和模型类的大小写定义必须一致。当传递了模型名，而该模型类又存在时，实例化得到的就是这个模型类的实例。

```
$Type = D('Type');//相当于$Type = new \Admin\Model\TypeModel();
```

3. M 方法实例化

M 方法与 D 方法用法一样，所不同的是，M 方法实例化的是 ThinkPHP 框架提供的基础模型类\Think\Model 的实例。D 方法实例化模型类的时候通常是实例化某个具体的模型类，如果仅仅是对数据表进行基本的 CURD 操作的话，使用 M 方法实例化由于不需要加载具体的模型类性能会更高。

```
$Type = M('Type');//相当于$Type = new \Think\Model('Type');
```

在实例化的过程中，经常使用 D 方法和 M 方法，这两个方法的区别在于 M 方法实例化模型无须用户为每个数据表定义模型类，如果 D 方法没有找到定义的模型类，则会自动调用 M 方法。

综上所述，如果是以下情况，请考虑使用 M 方法：

（1）对数据表进行简单的 CURD 操作而无复杂的业务逻辑时。

（2）只有个别的表有较为复杂的业务逻辑时，将 M 方法与实例化 CommonModel 类进行结合使用。

（3）M 方法甚至可以简单看成对参数表名对应的数据库的操作。

如果是以下情况，请考虑使用 D 方法：

（1）需要使用 ThinkPHP 模型中一些高级功能如自动验证功能（create()方法中实现）、关联模型等。

（2）业务逻辑比较复杂，且涉及的表众多。

（3）将业务逻辑定义在了自定义的模型类里面（Lib/Model 目录下），而想在操作中实现这些业务逻辑。

10.2.2 CURD 操作

ThinkPHP 提供了操作数据库的 5 个基本方法（CURD）：创建、写入、更新、读取和删除。

1. 数据创建

在进行数据操作之前，需要对提交的数据进行获取和创建，例如，通过表单提交过来的数据：

```
$data['name'] = $_POST['name'];
$data['email'] = $_POST['email'];
//……
```

一个数据表的字段在非常多的情况下，利用 create 方法可以自动根据表单数据创建数据对象能快速完成数据获取，还支持以其他方式创建数据对象，例如，利用其他数据对象，或者数组等来创建。例如：

```
// 实例化 Type 模型
$Type = M('Type');
// 根据表单提交的 POST 数据创建数据对象
$Type->create();
```

2. 数据写入

利用 add 方法可以将获取的数据写入数据库，例如：

```
$Type =M("Type");       // 实例化 Type 模型
if($Type->create()){    // 写入数据到数据库
    $result=$Type->add();
}
```

3. 数据更新

利用 save 方法可以更新数据和字段，例如：

```
$Typeid=$_GET['typeid'];
$Type=M('Type');
$Type->create();
$result=$Type->where("typeid=$Typeid")->save();    // 根据条件保存修改的
```
数据

4. 数据删除

利用 delete 方法可以删除数据，例如：

```
$Typeid=$_GET['typeid'];
$Type=M('Type');
$result=$Type->where("typeid=$Typeid")->delete();
```

5. 数据读取

读取数据是指读取数据表中的一行数据，主要通过 find 方法完成。

读取数据集是指获取数据表中的多行记录，主要通过 select 方法完成。

读取字段值是指获取数据表中的某个列的多个或者单个数据，最常用的方法是 getField 方法。详细用法请参照任务 9。

10.2.3 数据分页

在数据查询后我们都会对数据集进行分页操作，ThinkPHP 利用分页类来实现数据分页功能，如图 10-6 所示。

图 10-6 数据分页

利用 Page 类和 limit 方法来实现分页：

```
$User = M('User'); // 实例化 User 对象
$count = $User->where('status=1')->count();// 查询满足要求的总记录数
$Page = new \Think\Page($count,25);// 实例化分页类，传入总记录数和每页显示的
记录数(25)
$show = $Page->show();// 分页显示输出
```

```php
// 进行分页数据查询 注意 limit 方法的参数要使用 Page 类的属性
$list = $User->where('status=1')->order('create_time')->limit($Page->
firstRow.','.$Page->listRows)->select();
$this->assign('list',$list);// 赋值数据集
$this->assign('page',$show);// 赋值分页输出
$this->display(); // 输出模板
```

用户可以进行个性化分页样式定制。

实施与测试
···

1. 创建 TypeController.class.php 类别管理控制器

在 Application\Admin\Controller 下创建 TypeController.class.php 类别管理控制器。

2. 编写 TypeShow()方法，显示类别管理信息

代码 10-4　TypeShow()方法代码

```php
<?php
    public function TypeShow(){
        $type = M('Type'); // 实例化 Type 对象
        $count = $type->count();// 查询满足要求的总记录数
        $Page = new \Think\Page($count,3);// 实例化分页类，传入总记录数和每页
显示的记录数(3)
        $show = $Page->show();// 分页显示输出
        // 进行分页数据查询 注意 limit 方法的参数要使用 Page 类的属性
        $list = $type->limit($Page->firstRow.','.$Page->listRows)->select();
        $this->assign('list',$list);// 赋值数据集
        $this->assign('page',$show);// 赋值分页输出
        $this->display("leibieshow"); // 输出模板
    }
```

3. 编写 TypeAdd()方法，增加类别信息

代码 10-5　TypeAdd()方法代码

```php
<?php
    //类别添加页显示
    public function TypeAddShow(){
        $this->display("leibieym");
    }
    //类别添加
    public function TypeAdd(){
        $type=M("Type");
```

```php
$type->create();
$result=$type->add();
if($result>0)
{
    $this->success("添加类别成功",U("TypeShow"));
}
else
{
    $this->error("添加类别失败");
}
}
```

4. 编写 TypeDel()方法，删除类别信息

代码 10-6　TypeDel()方法代码

```php
<?php
public function TypeDel(){
    $typeid=$_GET['typeid'];
    $type=M('Type');
    $result=$type->where("typeid=$typeid")->delete();
    if($result>0)
    {
        $this->success("删除成功");
    }
    else
    {
        $this->error("删除失败");
    }
}
```

5. 编写 TypeChange()方法，修改类别信息

代码 10-7　TypeChange()方法代码

```php
<?php
//类别修改页显示
public function TypeChangeShow(){
    $typeid=$_GET['typeid'];
    $type=M("Type");
    $result=$type->where("typeid=$typeid")->find();
    $this->assign("list",$result);
    $this->display("xgleibie");
```

```
}
//类别修改
public function TypeChange(){
    $typeid=$_GET['typeid'];
    $type=M('Type');
    $type->create();
    $result=$type->where("typeid=$typeid")->save();
    if($result !== false)
    {
        $this->success("修改类别成功",U("TypeShow"));
    }
    else
    {
        $this->error("修改类别失败",U("TypeChangeShow"));
    }

}
```

6. 编写对应视图文件

请参照本任务的子任务一，详情略。

以上就是网络购物后台系统的类别管理功能。运行结果如图 10-7、图 10-8 所示。

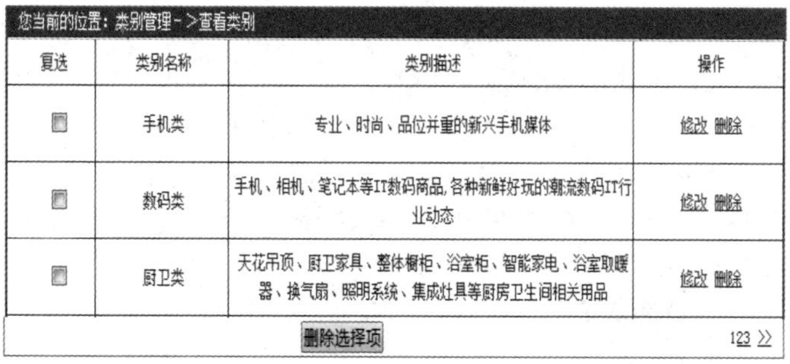

图 10-7　类别查询

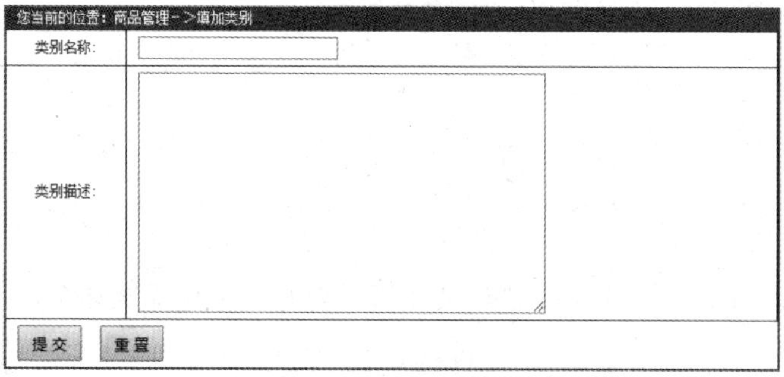

图 10-8　类别增加

10.3 子任务三：系统后台商品管理

商品管理功能主要是对商品详细信息进行显示、增加、删除、修改等。本子任务主要实现商品增加和修改功能。

本功能主要的设计思路为：

（1）创建 ShopController.class 商品管理控制器。

（2）编写 ShopAdd()方法，增加商品信息。

（3）编写 ShopChange()方法，修改商品信息。

（4）编写对应视图文件。

10.3.1 文件上传

文件上传是每个网站都需要实现的功能，本子任务中主要完成图片上传，如图 10-9 所示。

图 10-9 图片上传界面

ThinkPHP 文件上传操作使用 Think\Upload 类，假设前面的表单提交到当前控制器采用 upload 方法，代码如下：

代码 10-8 文件上传代码

```
public function upload(){
    $upload = new \Think\Upload();// 实例化上传类
    $upload->maxSize = 3145728 ;// 设置附件上传大小
    $upload->exts = array('jpg', 'gif', 'png', 'jpeg');// 设置附件上传类型
    $upload->rootPath = './Uploads/'; // 设置附件上传根目录
    $upload->savePath = ''; // 设置附件上传（子）目录
    // 上传文件
    $info   =  $upload->upload();
    if(!$info) {// 上传错误提示错误信息
            $this->error($upload->getError());
    }else{// 上传成功
        $this->success('上传成功！');
    }
}
```

文件上传成功后，就可以将这些文件信息保存到当前数据表中。例如：

代码 10-9 保存文件信息

```
$shop = M('Shop');
```

```
// 取得成功上传的文件信息
$info = $upload->upload();
// 保存当前数据对象
$data['photo'] = $info['photo']['savename'];
$data['create_time'] = NOW_TIME;
$shop ->add($data);
```

10.3.2 内置标签

在模板中变量输出使用普通标签就足够了，但是要完成其他的控制、循环和判断功能，就需要利用模板引擎的内置标签库。

内置支持的标签和属性列表如表 10-2 所示。

表 10-2 内置支持的标签和属性列表

标 签 名	作 用	包含属性
include	包含外部模板文件（闭合）	file
import	导入资源文件（闭合，包括 js、css、load 别名）	file、href、type、value、basepath
volist	循环数组数据输出	name、id、offset、length、key、mod
foreach	数组或对象遍历输出	name,item,key
for	for 循环数据输出	name，from，to，before，step
switch	分支判断输出	name
case	分支判断输出（必须和 switch 配套使用）	value、break
default	默认情况输出（闭合，必须和 switch 配套使用）	无
compare	比较输出（包括 eq、neq、lt、gt、egt、elt、heq、nheq 等别名）	name，value，type
range	范围判断输出（包括 in、notin、between、notbetween 别名）	name，value，type
present	判断是否赋值	name
notpresent	判断是否尚未赋值	name
empty	判断数据是否为空	name
notempty	判断数据是否不为空	name
defined	判断常量是否定义	name
notdefined	判断常量是否未定义	name
define	常量定义（闭合）	name，value
assign	变量赋值（闭合）	name，value
if	条件判断输出	condition
elseif	条件判断输出（闭合，必须和 if 标签配套使用）	condition
else	条件不成立输出（闭合，可用于其他标签）	无
php	使用 PHP 代码	无

本任务中使用比较标签、包含文件 include 标签。

1. 比较标签

比较标签包括 eq、neq、lt、gt、egt、elt、heq、nheq，用于简单的变量比较，复杂的判断条件可以用 if 标签替换。比较标签是一组标签的集合，基本上用法都一致。例如：

```
<比较标签 name="变量" value="值">
    内容
</比较标签>
<eq name="type.typeid" value="$list.typeid">
  <option value="{$type.typeid}" selected="selected">{$type.typename}
  </option>
<else/>
  <option value="{$type.typeid}">{$type.typename}</option>
</eq>
```

所有的比较标签可以统一使用 compare 标签。例如：

```
<compare name="name" value="5" type="eq">value</compare>
```

2. include 标签

include 标签可以包含外部的模板文件，使用方法如表 10-3 所示。

表 10-3　include 标签使用方法

include 标签（包含外部模板文件）	
闭　　合	闭合标签
属　　性	file（必须）：要包含的模板文件，支持变量

使用完整文件名包含方法格式如下：

```
<include file="完整模板文件名" />
<include file="./Tpl/default/Public/header.html" />
```

这种情况下，模板文件名必须包含后缀。使用完整文件名包含的时候，特别要注意文件包含指的是服务器端包含，而不是包含一个 URL 地址，也就是说 file 参数的写法是服务器端的路径，如果使用相对路径的话，则是基于项目的入口文件位置。

实施与测试

1. 创建 ShopController.class 商品管理控制器

在 Application\Admin\Controller 下创建 ShopController.class 商品管理控制器。

2. 编写 ShopAdd()方法，增加商品信息

代码 10-10　ShopAdd()方法代码

```php
<?php
public function ShopAdd(){
```

```
        $shopname=$_POST['Shopname'];
        $shop=M("Shop");
        $shop->create();
        $upload = new \Think\Upload();// 实例化上传类
        $upload->maxSize   =   3145728 ;// 设置附件上传大小
        $upload->exts    =    array('jpg', 'gif', 'png', 'jpeg');// 设置附件
上传类型
        $upload->savePath =    ''; // 设置附件上传目录    // 上传单个文件
        $info  =  $upload->uploadOne($_FILES['file']);
        if(!$info) {// 上传错误提示错误信息
            $this->error($upload->getError());
        }else{// 上传成功 获取上传文件信息
            $shop->photo=$info['savepath'].$info['savename']; }
        $shop->pubdate=$_POST['nian']."-".$_POST['yue']."-
".$_POST['ri'];
        $result=$shop->add();
        if($result>0)
        {
            $this->success("添加商品成功",U("ShopShow"));
        }
        else
        {
            $this->error("添加商品失败");
        }
    }
```

3. 编写 ShopChange()方法，修改商品信息

商品修改功能类似商品增加功能，此处略。

4. 编写对应视图文件

略。

任务拓展

1. 利用 ThinkPHP 框架实现网上购物系统中后台"用户管理"、"订单管理"和"公告管理"等功能。

2. 利用 ThinkPHP 框架实现网上购物系统中前台各部分功能。

任务重现

利用 ThinkPHP 框架完成 BBS 论坛中的各模块。

任务 11　PHP 程序开发范例

本任务将结合 Web 商务网站的实现，介绍 Web 应用开发的思想和工作方法，目的是使读者掌握使用 PHP 开发 Web 应用系统的基本流程和 PHP 程序设计的基本方法。

【知识目标】
- 熟练掌握 PHP+MySQL 项目开发流程
- 掌握范例中的数据库设计
- 掌握 MVC 开发模式

【技能目标】
- 能利用 PHP+MySQL 进行项目的设计与程序编写
- 掌握框架开发的基本流程

21 世纪是信息的时代，随着信息技术与网络技术的发展，互联网已经渗透到人们日常生活的方方面面，与人们的日常生活已经建立密不可分的联系。本任务提供两个示例，分别是：美食分享网站、宿舍管理系统。希望能借助这两个示例让读者了解最新的 PHP 开发技术。

根据系统的功能目标，我们对系统的功能模块进行划分，并设计数据库。

11.1　子任务一：美食分享网站

人们了解美食信息的方式通常是通过媒体、杂志以及书本等，传播效率比较低。随着互联网技术的成熟，通过计算机来实现基于 PHP 的美食分享网站设计是必需的。

通过基于 PHP 的美食分享网站设计可以了解美食信息、美食分享等，其最突出的优势是用户可以随时查询美食信息并且可以进行分享。

实施与测试 ··

11.1.1 美食分享网站系统整体设计

系统功能模块介绍如下。

1. 前台功能

1）首页

分别根据不同的查询要求，对美食进行分类显示。

2）用户注册

用户通过用户名、密码、电子邮箱、昵称、性别等可以进行用户注册。

3）美食浏览

用户可以进行美食的分类浏览（包括特色美食、美食线路、个人分享）。

4）个人分享

用户在浏览美食的过程中，可以添加自己的分享心得，但如果只是普通浏览者（没有注册）则无法进行分享。

5）用户个人信息修改

个人信息的修改，如手机号码、邮箱地址、个人图片等，密码的修改则需要输入正确的旧密码和新密码后才可以。

6）安全退出

用户安全退出网站。

2. 后台功能

1）系统管理

显示当前服务器版本、数据库版本、服务器地址及操作系统等信息。

2）美食管理

对前台主页的美食信息进行编辑管理（增加、删除、修改和查询），通过浏览点击量来获取其受欢迎程度。

3）线路管理

对前台主页中的美食线路进行编辑管理（增加、删除、修改和查询），通过浏览点击量来获取其受欢迎程度。

4）分享管理

对前台用户添加的美食分享进行编辑管理（删除、修改和查询）。

5）会员管理

对前台注册的用户进行管理，并对其是否为网站会员进行维护。

6）安全退出

安全退出当前网站。

7）修改管理员密码及资料

可修改当前登录管理员的登录密码及资料。

11.1.2 美食分享网站数据库设计

当前美食分享网站主要涉及 5 张数据表，如图 11-1 所示。

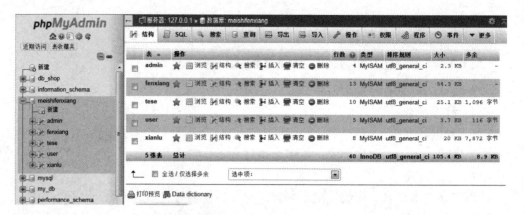

图 11-1　数据库

数据库命名为 meishifenxiang，包括 5 张数据表，各表说明以及结构请参见具体的 SQL 文档。

11.1.3　美食分享网站数据库相关操作

在 config.php 文件中定义连接数据库参数，代码如下：

代码 11-1　config.php 文件中定义连接数据库参数

```php
<?php
    $CONFIG = array(
        'db_host'=>"127.0.0.1",
        'db_name'=>"meishifenxiang",
        'db_user'=>"root",
        'db_pass'=>"",
        'url'=>"http://localhost/meishifenxiang",
        'webname'=>"广东工程职业技术学院    信息工程学院",
    );
?>
```

在 init.php 文件中，定义了每个页面需要加载的文件及参数，代码如下：

代码 11-2　init.php 定义文件及参数

```php
<?php
    header('Content-Type:text/html;charset=utf-8');
    error_reporting(E_ERROR);
    if (__FILE__ == '')
    {
        die('error code: 0');
    }
    define('ROOT_PATH', str_replace('/common/init.php', '', str_replace
('\\', '/', __FILE__)));
    //获取存放 common/init.php 的上级目录，并指定为 ROOT_PATH
    include_once ROOT_PATH."/config.php";
```

```
    include_once ROOT_PATH."/common/func_db.php";
    include_once ROOT_PATH."/common/function.php";
    include_once ROOT_PATH."/common/Page.class.php";
    define('__BASE__', $CONFIG["url"]);
    define('__PUBLIC__', $CONFIG["url"]."/Public");
    session_start();
    $host        = $CONFIG["db_host"];
    $user        = $CONFIG["db_user"];
    $password    = $CONFIG["db_pass"];
    $database    = $CONFIG["db_name"];
    $db = mysqli_connect($host,$user,$password,$database) or die("数据库
连接中......");
    mysqli_query($db,"set names utf8;");
  ?>
```

在 func_db.php 文件中定义相关数据库操作方法，代码如下：

代码 11-3 func_db.php 文件中定义相关数据库操作方法

```
//1) 连接数据库
function db_connection(){
    global $CONFIG;
    $host        = $CONFIG["db_host"];
    $user        = $CONFIG["db_user"];
    $password    = $CONFIG["db_pass"];
    $database    = $CONFIG["db_name"];
    $db = mysqli_connect($host,$user,$password,$database) or die("
数据库连接中......");
    mysqli_query($db,"set names utf8;");
}
//2) 添加数据（数据表，数组字段）
function db_add($db,$table,$dataA) {
    if($table && count($dataA)>0) {
        $strleft='';
        $strright='';
        foreach($dataA as $key=>$val) {
            $strleft.=','.$key;
            $strright.=','.$val;
        }
        $strleft='insert into '.$table.' ('.ltrim($strleft,',').')';
        $strright=' values ('.ltrim($strright,',').')';
        $sql=$strleft.$strright;
        db_query($db,$sql);
```

```
                return db_insert_id();
        }
}
//3)修改数据（数据表，数组字段，主键 id）
function db_mdf($db,$table,$dataA,$id) {
        if($table && count($dataA)>0 && $id) {
            $setsql='';
            $wheresql='';
            foreach($dataA as $key=>$val) {
                $setsql.=', '.$key.'='.$val;
            }
            $setsql = ltrim($setsql,',');
            $wheresql = " id in(". $id .")";
            $sql='update '.$table.' set '.$setsql;
            $sql.=' where '.$wheresql;
            db_query($db,$sql);
        }
}
//4)删除数据（数据表，id）
    function db_del($db,$table,$id) {
        ......
    }
//5)删除数据（数据表，条件）
    function db_dela($db,$table,$where) {
        ......
    }
//6)获取一条查询数据（并返回一维数组）
    function db_get_row($db,$sql) {
        ......
    }
//7)获取多条查询数据（并返回二维数组）
    function db_get_all($db,$sql) {
        ......
    }
//8)获取分页信息（页码，分页大小，数据总数，分页内容）
    function db_get_page($db,$sql,$page) {
        ......
    }
......
?>
```

11.1.4 网站前台的整体搭建

1. 网站首页

网站首页主要是前端工程师做好的静态页面，然后将数据库的数据传输到静态页面中。首页主要内容有导航（首页、特色美食、美食线路、个人分享、会员注册、会员登录），如图 11-2 所示。

图 11-2 网站首页

2. 特色美食

特色美食主要介绍该网站所有的美食信息，即数据表 tese 表中的数据，如图 11-3 所示，其主要内容是由管理员在后台进行维护的，单击单张图片后会进入美食的详细介绍页面。由于内容较多，使用了分页显示功能。

3. 美食线路

美食线路主要是将数据表 xianlu 中的数据传递到静态模板，如图 11-4 所示，该页面线路显示顺序是根据每条线路的热度进行排序而来的，每单击一次美食线路进入详细页面后，该线路的热度会增加。

图 11-3　特色美食界面

图 11-4　美食线路

4. 个人分享

在个人分享页面，主要可以查看分享的内容，即数据表 fenxiang 中的数据，如图 11-5 所示。如果是注册后的用户，可以添加自己的分享内容，并对自己分享的内容进行管理。当用户的身份是"高级会员"时，添加的分享内容还可以提交至特色美食区域。

5. 会员注册

会员注册页面主要用于填写个人基本信息，并进行提交从而成为会员，如图 11-6 所示。

图 11-5　个人分享

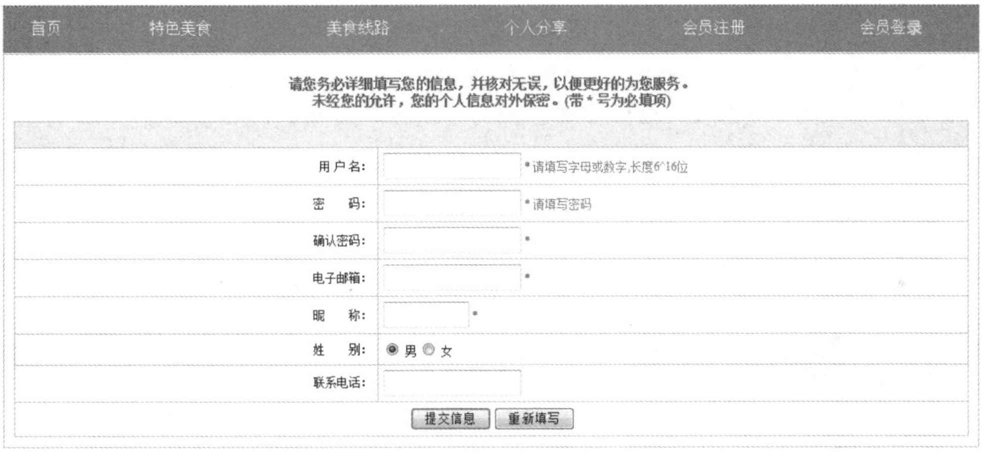

图 11-6　会员注册

6. 会员登录

会员登录如图 11-7 所示，输入正确的用户名和密码后，进入网站，如没有登录，则网站部分内容无法查看（如个人分享）。

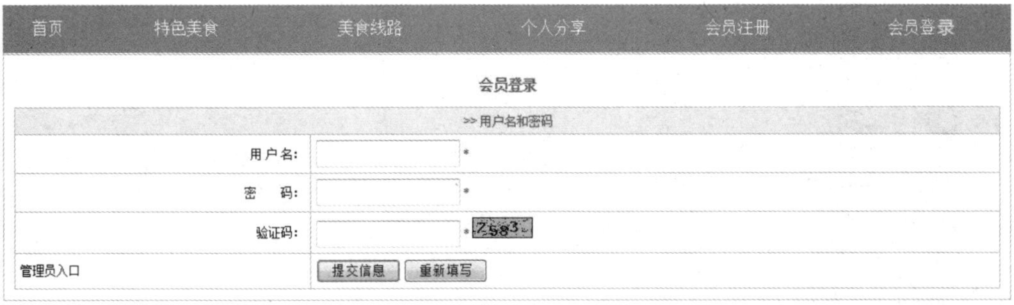

图 11-7　会员登录

11.1.5 网站后台的整体搭建

1. 后台登录

由前台会员登录页面中的管理员入口进入后台登录界面。

2. 后台首页

进入后台首先会将服务器的基本信息展示出来，如图 11-8 所示左侧则是主要功能设置（美食管理、线路管理、分享管理、会员管理），右上方的"预览网站"和"后台首页"分别指向前台和后台的首页。

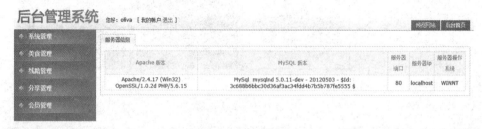

图 11-8 后台首页

3. 美食管理

美食管理主要对特色美食进行增加、编辑、删除和查询操作，如图 11-9 所示。

图 11-9 美食管理

4. 线路管理

线路管理主要是对美食线路进行增加、编辑、删除和查询操作，如图 11-10 所示。

图 11-10 线路管理

5. 分享管理

分享管理是对美食分享进行增加、编辑、删除和查询操作如图 11-11 所示。为提高数据采集的有效性，系统在添加美食分享数据的同时也将其数据一并添加到了特色美食数据中。

图 11-11　分享管理

6. 会员管理

会员管理主要是对会员进行增加、编辑、删除和查询操作，如图 11-12 所示。通过会员信息的修改，可以设置其为高级会员，如图 11-13 所示。当用户的身份是"高级会员"时，其分享内容还可以提交至特色美食区域。

图 11-12　会员管理

图 11-13　会员信息修改

11.2 子任务二：宿舍管理系统

任务陈述

学生的宿舍管理是每个学校不可缺失的管理环节，建立一个宿舍管理系统，管理员能及时地将宿舍基本信息、宿舍违纪情况、宿舍访客情况、宿舍维修情况进行登记，同时让学生自行查询宿舍相关信息，申报宿舍维修以及纪律考勤等。运用信息管理系统来进行宿舍的管理将会提高宿舍运作管理的时效性和确保信息传达的有效性与及时性。

网站框架使用 TP（ThinkPHP）。

实施与测试

11.2.1 宿舍管理系统整体设计

所实现的功能以及设计要求如下。

- 页面登录：超级管理员、管理员、学生可以通过自己的账号与密码登录系统。
- 超级管理员：对院系信息的管理、对各院系班级的管理、对公寓的管理、对各个宿舍的管理、对各个公寓管理员的管理、宿舍分配管理。
- 公寓管理员：对学生信息的管理、模糊查询学生信息、学生违纪信息的录入公布、外访人员的信息录入、学生报修信息的查看与处理、公告发布管理。
- 学生：登录、查看个人信息、查看所在宿舍信息、修改密码、查看个人违纪信息、提交个人报修申请。

1. 超级管理员模块

超级管理员被赋予系统的最高权限，基本可以实现全部功能，主要功能分为六大块：学院管理、班级管理、公寓管理、宿舍管理、管理员管理、学生管理。具体的功能实现如图 11-14 所示。

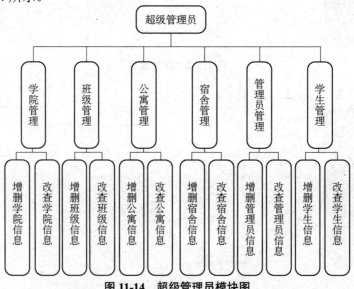

图 11-14 超级管理员模块图

2. 公寓管理员模块

公寓管理员模块主要包括 4 个模块：管理员管理、学生信息管理、录入信息管理以及申请信息管理。结构图如图 11-15 所示。

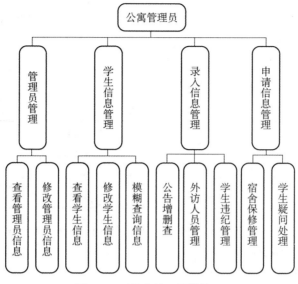

图 11-15 公寓管理员模块图

3. 学生模块

学生模块主要包括两个模块：信息管理、公寓管理。结构图如图 11-16 所示。

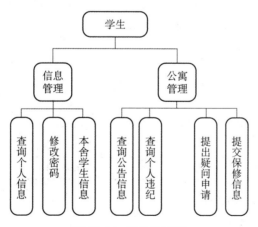

图 11-16 学生模块图

11.2.2 宿舍管理系统数据库设计

这个宿舍管理系统主要涉及 11 张数据表。

1. 超级管理员表 superadmin

超级管理员表如表 11-1 所示。

表 11-1　超级管理员表

字段名称	数据类型	约束条件	备　注
sup_id	int	Primary Key	超级管理员 ID
sup_cardid	varchar	Null	编号
sup_password	varchar	Null	密码

2. 管理员表 admin

管理员表如表 11-2 所示。

表 11-2　管理员表

字段名称	数据类型	约束条件	备　注
admin_id	int	Primary Key	管理员 ID
admin_cardid	varchar	Null	员工号
admin_password	varchar	Null	密码
admin_name	varchar	Null	姓名

3. 学生信息表 student

学生信息表如表 11-3 所示。

表 11-3　学生信息表

字段名称	数据类型	约束条件	备　注
stu_id	int	Primary Key	学生 ID
stu_cardid	varchar	Null	学号
stu_password	varchar	Null	密码
stu_name	varchar	Null	姓名
stu_identity	varchar	Null	身份证号
apart_id	int	Foreign Key	公寓 ID
dorm_id	int	Foreign Key	宿舍 ID
col_id	int	Foreign Key	学院 ID
gra_id	int	Foreign Key	班级 ID

4. 公寓信息表 apartment

公寓信息表如表 11-4 所示。

表 11-4　公寓信息表

字段名称	数据类型	约束条件	备　注
apart_id	int	Primary Key	公寓 ID
apart_name	varchar	Null	公寓名称

5. 学院信息表 college

学院信息表如表 11-5 所示。

表 11-5 学院信息表

字段名称	数据类型	约束条件	备 注
col_id	int	Primary Key	学院 ID
col_name	varchar	NULL	学院名称

6. 班级信息表 grades

班级信息表如表 11-6 所示。

表 11-6 班级信息表

字段名称	数据类型	约束条件	备 注
gra_id	int	Primary Key	班级 ID
gra_name	varchar	NULL	班级名称
col_id	int	Foreign Key	所属学院 ID

7. 宿舍信息表 dormitory

宿舍信息表如表 11-7 所示。

表 11-7 宿舍信息表

字段名称	数据类型	约束条件	备 注
dorm_id	int	Primary Key	宿舍 ID
dorm_caidid	varchar	Null	宿舍名称
apart_id	int	Foreign Key	所属公寓 ID

8. 公布信息表 notice

公布信息表如表 11-8 所示。

表 11-8 公布信息表

字段名称	数据类型	约束条件	备 注
not_id	int	Primary Key	公告 ID
not_title	varchar	Null	公布标题
not_content	varchar	Null	公告内容
apart_id	int	Foreign Key	所属公寓 ID

9. 违纪信息表 discipline

违纪信息表如表 11-9 所示。

表 11-9 违纪信息表

字段名称	数据类型	约束条件	备 注
dis_id	int	Primary Key	违纪 ID
dis_acont	varchar	Null	违纪内容
dis_scont	varchar	Null	学生疑问
dis_state	varchar	Null	疑问状态
apart_id	int	Foreign Key	公寓 ID
stu_id	int	Foreign Key	学生 ID

10. 报修信息表 repair

报修信息表如表 11-10 所示。

表 11-10　报修信息表

字段名称	数据类型	约束条件	备　注
rep_id	int	Primary Key	报修 ID
rep_cont	varchar	Null	报修内容
rep_state	varchar	Null	报修状态
apart_id	int	Foreign Key	公寓 ID
dorm_id	int	Foreign Key	宿舍 ID
stu_id	int	Foreign Key	学生 ID

11. 访客信息表 visitors

访客信息表如表 11-11 所示。

表 11-11　访客信息表

字段名称	数据类型	约束条件	备　注
vis_id	int	Primary Key	外访人员 ID
vis_name	varchar	Null	姓名
vis_cardid	varchar	Null	身份证号
vis_time	datetime	Null	访问时间
apart_id	int	Foreign Key	所属公寓 ID

11.2.3　宿舍管理系统主要功能设计

1. 登录界面

本系统的首页即登录页面，如图 11-17 所示，不同用户类型登录之后，执行不同操作（学生、管理员、超级管理员）。没有登录直接访问其他页面，系统会自动跳转到登录页面。用户登录主要实现代码如下：

学生宿舍管理系统

账 号：

密 码：

验 证：

类 型：超级管理员　超级管理员　公寓管理员　学生

图 11-17　系统登录界面

代码 11-4　用户登录主要实现代码

```php
function login(){        //两个逻辑，展示、收集
        if(!empty($_POST)){//调用 verify 类中的 check 方法
            ob_clean();
            $very=new Verify();
            if($very->check($_POST['yzm'])){        //用户名和密码校验
            if($_POST['select']==1){
            $admin=new \Model\AdminModel();
            $info=$admin->checkNamePwd($_POST['admin_name'],$_POST
['password']);
                if($info){      //存放 session(id,name)，页面跳转
                    session('admin_id',$info['admin_id']);
                    session('admin_name',$info['admin_name']);
                    $this->redirect('Index/index');
                    }else{
                    echo '<script type="text/javascript">alert("公寓管理员用
户名或密码错误！");history.back();</script>';
                    }
                    }
            if($_POST['select']==0){
            $admin=new \Model\SuperadminModel();
            $info=$admin->checkNamePwd($_POST['admin_name'],$_POST
['password']);
                if($info){      //存放 session(id,name)，页面跳转
                    session('admin_id',$info['sup_id']);
                    session('admin_name',$info['sup_cardid']);
                    $this->redirect('Super/Index/index');
                    }else{
                    echo '<script type="text/javascript">alert("超级管理员用
户名或密码错误！");history.back();</script>';
                    }
                    }
            if($_POST['select']==2){
            $admin=new \Model\StudentModel();
            $info=$admin->checkNamePwd($_POST['admin_name'],$_POST
['password']);
                if($info){      //存放 session(id,name)，页面跳转
                    session('admin_id',$info['stu_id']);
                    session('admin_name',$info['stu_cardid']);
```

```
session('dorm_id',$info['dorm_id']);
$this->redirect('Student/Index/index');
}else{
echo '<script type="text/javascript">alert("学生账号或密
码错误! ");history.back();</script>';
}
}
}else{
    echo '<script type="text/javascript">alert("验证错
误");history.back();</script>';
    }
}
```

2. 超级管理员首页

超级管理员成功登录后，进入超级管理员首页，如图 11-18 所示。页面左侧显示当前角色的操作功能（使用 JS 完成折叠效果详见代码 11-5）。超级管理员主要功能有：基础设置（学院管理、班级管理、公寓管理、宿舍管理等）、管理员管理（管理员信息、新增管理员信息）、学生管理（学生信息、添加学生）。

图 11-18　超级管理员首页

代码 11-5　导航折叠的 JS 代码段

```
//设置二级目录的点击后颜色变换
function tupian(idt){
    var nametu="xiaotu"+idt;
```

```javascript
    var tp = document.getElementById(nametu);
     tp.src="/sushe/Public/images/ico05.gif";//图片 ico04 为白色的正方形
    for(var i=1;i<30;i++)
    {
      var nametu2="xiaotu"+i;
      if(i!=idt*1)
      {
        var tp2=document.getElementById('xiaotu'+i);
         if(tp2!=undefined){
             tp2.src="/sushe/Public/images/ico06.gif";
         }//图片 ico06 为蓝色的正方形
      }
    }
}
//设置一级目录点击后箭头指向
function list(idstr){
    var name1="subtree"+idstr;
    var name2="img"+idstr;
    var objectobj=document.all(name1);
    var imgobj=document.all(name2);
    if(objectobj.style.display=="none"){
        for(i=1;i<10;i++){
            var name3="img"+i;
            var name="subtree"+i;
            var o=document.all(name);
            if(o!=undefined){
                o.style.display="none";
                var image=document.all(name3);
                //alert(image);
                image.src="/sushe/Public/images/ico04.gif";
            }
        }
        objectobj.style.display="";
        imgobj.src="/sushe/Public/images/ico03.gif";
    }
    else{
        objectobj.style.display="none";
        imgobj.src="/sushe/Public/images/ico04.gif";
    }
}
```

如单击左侧连接"管理员管理"→"管理员信息"，管理员有关的设置信息会在页面右侧显示，如图 11-19 所示。

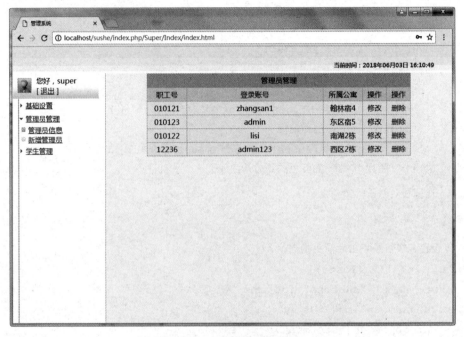

图 11-19　管理员信息页面

在管理员信息页面，单击"修改"，即可修改管理员信息，公寓管理员管辖的公寓范围，如图 11-20 所示。管理员信息及管理员修改功能代码见代码 11-6。

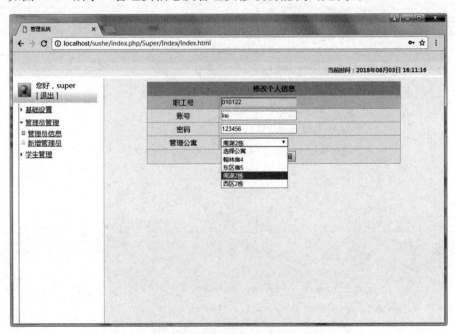

图 11-20　管理员信息修改界面

代码 11-6　管理员信息及修改代码段

```
function adminlist(){   //查看公寓管理员信息
    $admin=new \Model\AdminModel();
    $info=$admin->join('apartment ON admin.apart_id=apartment.apart_id')->
select();
    $this->assign('info',$info);
    $this->display();
    }
function adUpdate($admin_id){   //更新公寓管理员信息
    $admin=new \Model\AdminModel();
    if(!empty($_POST)){
        $z=$admin->save($_POST);
        if($z){
            $this->redirect("adminlist",array(),'2',"修改信息成功！");
            }else{
                $this->redirect("adminlist",array(),'2',"修改信息失败！");
                }
        }else{
            $apart=new \Model\ApartmentModel();
            $arr=$apart->select();
            $this->assign('arr',$arr);
            $info=$admin->find($admin_id);
            $this->assign('info',$info);
            $this->display();
            }
    }
function addadmin(){    //添加新的公寓管理员
    $admin=new \Model\AdminModel();
    if(!empty($_POST)){
        $_POST['admin_cardid']=intval($_POST['admin_cardid']);
        $z=$admin->add($_POST);
        if($z){
            $this->redirect("adminlist",array(),'2',"添加信息成功！");
            }else{
                $this->redirect("adminlist",array(),'2',"添加信息失败！");
                }
        }else{
        $apart=new \Model\ApartmentModel();
```

```
        $info=$apart->select();
        $this->assign('info',$info);
        $this->display();
        }
    }
function addel($admin_id){ //删除公寓管理员信息
    $admin=new \Model\AdminModel();
    $z=$admin->admin_id=$admin_id;
    $z=$admin->delete();
    if($z){
            $this->redirect("adminlist",array(),'2',"删除信息成功！");
        }else{
            $this->redirect("adminlist",array(),'2',"删除信息失败！");
        }
    }
```

3. 管理员首页

身份为"公寓管理员"的管理员成功登录后，进入管理员首页，如图 11-21 所示。页面左侧显示当前角色的操作功能，公寓管理员主要功能有：管理员管理（查看、修改个人信息）、学生信息管理（学生信息查看、按公寓号查看、按学号查看、按姓名查看）、录入信息管理（公告列表、发布公告、外访人员列表、外访人员登记、学生违纪列表、学生违纪登记）、申请信息管理（宿舍报修处理、学生疑问处理）。

图 11-21　管理员首页

如单击左侧连接"学生信息管理"→"学生信息查看",所属管辖公寓下的学生信息则会在右侧显示,还可通过单击"修改"链接调整学生宿舍信息,如图 11-22 所示。查看、调整所属公寓学生信息功能代码见代码 11-7。

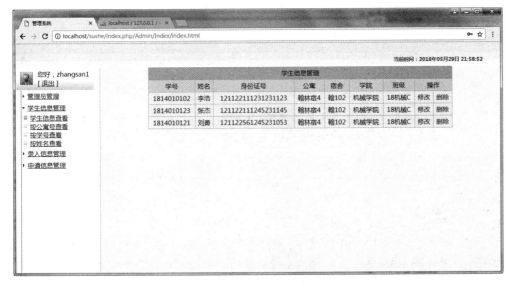

图 11-22 学生信息查看页面

代码 11-7 查看、调整所属公寓学生信息

```php
function student(){//查看学生信息

$admin=new \Model\AdminModel();
$arr=$admin->where("admin_id='".session('admin_id')."'")-> find();
$student=new \Model\StudentModel();
$info=$student->join('dormitory ON student.dorm_id=dormitory.dorm_id')->
join('grades ON student.gra_id=grades.gra_id')->join('apartment ON student.
apart_id=apartment.apart_id') ->join('college ON student.col_id=college.colid')
->where ("student.apart_id='".$arr['apart_id']."'")->select();
$this->assign('info',$info);
$this->display();
}
function stuQuery1(){//按学号查看学生信息
$student=new \Model\StudentModel();
if(!empty($_POST['stu_cardid'])){
$info=$student->where("stu_cardid='".$_POST['stu_cardid']."'")
->select();
}else{
```

223

```
        $info=$student->join('dormitory ON student.dorm_id=dormitory.dorm_id')->
join('grades ON student.gra_id=grades.gra_id')->join('apartment ON student.
apart_id=apartment.apart_id')-> join('college ON student.col_id=college. col_
id')->select();
        }
        $this->assign('info',$info);
        $this->display();
        }
    function stuQuery2(){//按姓名查看学生信息
        $student=new \Model\StudentModel();
        if(!empty($_POST['stu_name'])){
        $info=$student->where("stu_name='".$_POST['stu_name']."'")->
select();
        }else{
        $info=$student->join('dormitory ON student.dorm_id=dormitory.dorm_id')->
join('grades ON student.gra_id=grades.gra_id')->join('apartment ON student.
apart_id=apartment.apart_id')-> join('college ON student.col_id=college.
col_id')->select();
        }
        $this->assign('info',$info);
        $this->display();
        }
    function  stuQuery3(){//按公寓查看学生信息
        $student=new \Model\StudentModel();
        if(!empty($_POST['apart_id'])){
        $info=$student->where("apart_id='".$_POST['apart_id']."'")->
select();
        }else{
        $info=$student->join('dormitory ON student.dorm_id=dormitory.dorm_id')->
join('grades ON student.gra_id=grades.gra_id')->join('apartment ON student.
apart_id=apartment.apart_id')-> join('college ON student.col_id=college.
col_id')->select();
        }
        $this->assign('info',$info);
        $this->display();
        }
    function studentUpdate($stu_id){    //调整学生信息
        $student=new \Model\StudentModel();
        if(!empty($_POST)){
```

```php
        $z=$student->save($_POST);
        if($z){
            $this->redirect("student",array(),'2',"修改学生信息成功！");
            }else{
                $this->redirect("student",array(),'2',"修改学生信息失败！");
                }
        }else{
        $apart=new \Model\ApartmentModel();
        $arr=$apart->select();
        $this->assign('arr',$arr);
        $dorm=new \Model\DormitoryModel();
        $arr1=$dorm->join('apartment ON dormitory.apart_id=apartment.
apart_id') ->select();
        $this->assign('arr1',$arr1);
        $col=new \Model\CollegeModel();
        $arr2=$col->select();
        $this->assign('arr2',$arr2);
        $grade=new \Model\GradesModel();
        $arr3=$grade->join('college ON grades.col_id=college.col_id')->
select();
        $this->assign('arr3',$arr3);
        $info=$student->find($stu_id);
        $this->assign('info',$info);
        $this->display();
        }
    }
    function studentdel($stu_id){  //删除学生信息
        $student=new \Model\StudentModel();
        $z=$student->stu_id=$stu_id;
        $z=$student->delete();
        if($z){
            $this->redirect("student",array(),'2',"删除信息成功！");
            }else{
                $this->redirect("student",array(),'2',"删除信息失败！");
                }
    }
```

　　单击"申请信息管理"→"宿舍报修处理"，宿舍报修问题会在页面右侧显示，管理员也会随时更新处理情况，如图 11-23 所示。公寓管理员查看、修改报修情况功能代码见 11-8。

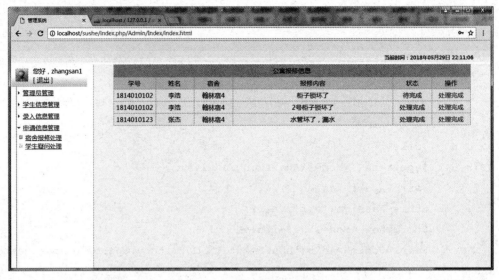

图 11-23　宿舍报修处理界面

代码 11-8　公寓管理员查、看修改报修状态代码

```php
function repairlist(){ //查看报修信息
    $repair=new \Model\RepairModel();
    $admin=new \Model\AdminModel();
    $arr=$admin->where("admin_id='".session('admin_id')."'")-> find();
    $info=$repair->join('apartment ON repair.apart_id=apartment.apart_id')->
join('student ON repair.stu_id=student.stu_id')->where("repair.apart_id='".
$arr['apart_id']."'") ->order('rep_id desc')->select();
    $this->assign('info',$info);
    $this->display();
    }
function repairup($rep_id){           //更新报修状态
    $repair=new \Model\RepairModel();
    $data['rep_state'] = '处理完成';
        $z=$repair->where("rep_id='".$rep_id."'")->save($data);
        if($z){
            $this->redirect("repairlist",array(),'2',"修改状态成功！");
            }else{
                $this->redirect("repairlist",array(),'2',"修改状态失败！");
                }

    }
```

4. 学生首页

学生使用学号成功登录后，进入学生首页，如图 11-24 所示。页面左侧显示当前角色的操作功能，学生主要操作功能有：信息管理（个人信息、修改密码、同宿舍学生信息）、公寓信息（公告查看、个人违纪信息、宿舍报修查看、宿舍报修登记）。

图 11-24　学生首页

如单击左侧连接"公寓信息"→"个人违纪信息"，相关违纪信息会在页面右侧显示，如有疑问也可以单击"有疑问？"链接对其申诉，等待管理员处理，如图 11-25 和图 11-26 所示。违纪查看以及提出疑问的代码，见代码 11-9。

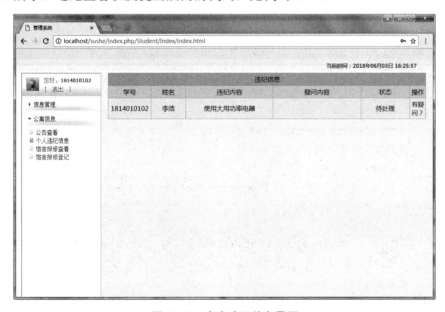

图 11-25　个人违纪信息界面

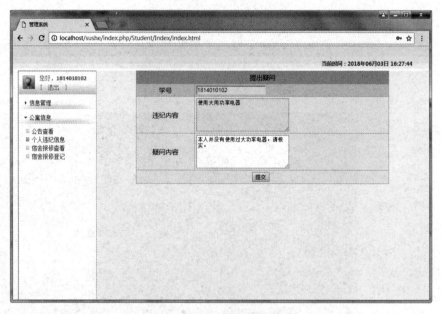

图 11-26　个人违纪提出疑问

代码 11-9　违纪查看以及提出疑问

```
function discipline($stu_id){//违纪查看
$discipline=new \Model\DisciplineModel();
$info=$discipline->join('student ON discipline.stu_id=student.
stu_id')->where(array('discipline.stu_id'=>$stu_id))->select();
$this->assign("info",$info);
$this->display();
}
    function disYiwen($dis_id){//违纪提出疑问
$discipline=new \Model\DisciplineModel();
if(!empty($_POST)){
    $info=$discipline->join('student ON discipline.stu_id=student.
stu_id')->find($dis_id);
    $z=$discipline->save($_POST);
    $stu_id=$info['stu_id'];
    if($z){
        $this->redirect("discipline",array('stu_id'
=>$stu_id),'2',"提问成功！");
        }else{
            $this->redirect("discipline",array(),'2',"提问失败！");
            }
        }else{
        $info=$discipline->join('student ON discipline.stu_id=student.
stu_id')->find($dis_id);
```

```
        //dump($info);
        $this->assign("info",$info);
        $this->display();
    }
}
```

单击"宿舍报修登记",将报修内容填写完成后提交,报修内容则会出现在宿舍报修查看中,如图 11-27 所示。学生宿舍报修功能代码见代码 11-10。

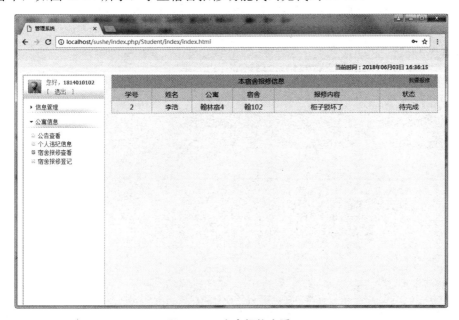

图 11-27 宿舍报修查看

代码 11-10 学生宿舍报修功能代码

```
function replist($dorm_id){        //宿舍报修查看
$repair=new \Model\RepairModel();
$info=$repair->join('student ON repair.stu_id=student.stu_id')->
join('dormitory ON repair.dorm_id=dormitory.dorm_id')->join('apartment ON
repair.apart_id=apartment.apart_id')->where(array('repair.dorm_id'=>$dorm_
id))->select();
    $this->assign("info",$info);
    $this->display();
    }
function repairAdd($stu_id){        //添加报修信息
$repair=new \Model\RepairModel();
if(!empty($_POST)){
    $z=$repair->add($_POST);
    if($z){
```

```
            $this->redirect("replist",array('dorm_id'
=>session(dorm_id)),'2',"添加成功！");
            }else{
                $this->redirect("replist",array(),'2',"添加失败！");
            }
        }else{
        $student=new \Model\StudentModel();
        $info=$student->join('dormitory ON student.dorm_id=dormitory.
dorm_id')->join('apartment ON student.apart_id=apartment.apart_id')->
find($stu_id);
        $this->assign("info",$info);
        $this->display();
        }
    }
```

参考文献

1. 明日科技. PHP 从入门到精通[M]. 北京：清华大学出版社，2013.

2. 孔祥盛. PHP 编程基础与实例教程[M]. 北京：人民邮电出版社，2012.

3. 李志文. 案例精通 Dreamweaver 与 PHP&MySQL 整合应用[M]. 北京：电子工业出版社，2009.

4. 张兵义，张连堂. PHP+MySQL+Dreamweaver 动态网站开发实例教程[M]. 北京：机械工业出版社，2012.

5. 杨聪. Dreamweaver CS5 网页设计案例实训教程[M]. 北京：科学出版社，2011.

6. 邹天思，潘凯华，刘中华. PHP 网络编程自学手册[M]. 北京：人民邮电出版社，2008.

7. 许登旺，邹天思，潘凯华. PHP 程序开发范例宝典[M]. 北京：人民邮电出版社，2007.

8. （澳）威利，（澳）汤姆森著，武欣等译. PHP 和 MySQL Web 开发[M]. 北京：机械工业出版社，2009.

9. 王甲临. PHP 程序设计经典 300 例. 北京：电子工业出版社，2013.

10. 陈益材. PHP+MySQL+Dreamweaver 动态网站建设从入门到精通[M]. 北京：机械工业出版社，2013.

11. 王彦辉. PHP+MySQL 动态网页技术教程[M]. 大连：东软电子出版社，2013.

参考文献